国家中等职业教育改革发展示范校课程改革教材

烹饪原料知识（第2版）

金 敏 主编
周 星 副主编

北京·旅游教育出版社

策　　划：景晓莉
责任编辑：景晓莉

图书在版编目（CIP）数据

烹饪原料知识／金敏主编. --北京：旅游教育出版社，2014.11（2016. 9）
国家中等职业教育改革发展示范校课程改革教材
ISBN 978 - 7 - 5637 - 3012 - 4

Ⅰ.①烹…　Ⅱ. ①金…　Ⅲ. ①烹饪—原料—中等专业学校—教材　Ⅳ. ①TS972.111

中国版本图书馆CIP数据核字（2014）第188985号

国家中等职业教育改革发展示范校课程改革教材

烹饪原料知识

（第2版）

Pengren YuanLiao Zhishi

金敏　**主编**

周星　**副主编**

出版单位	旅游教育出版社
地　　址	北京市朝阳区定福庄南里1号
邮　　编	100024
发行电话	（010）65778403　65728372　65767462（传真）
本社网址	www.tepcb.com
E - mail	tepfx@163.com
排版单位	北京旅教文化传播有限公司
印刷单位	北京京华虎彩印刷有限公司
经销单位	新华书店
开　　本	787毫米×960毫米　1／16
印　　张	11.125
字　　数	131千字
版　　次	2015年10月第2版
印　　次	2016年 9 月第2次印刷
定　　价	32.00元

（图书如有装订差错请与发行部联系）

贵州省旅游学校中职示范校专业教材建设编审委员会

主　编　金　敏
副主编　周　星
参　编　宝　磊　王俊波　张　明　刘世利　宋晓丹等

前言

P R E F A C E

本教材是根据贵州省旅游学校国家示范校重点专业建设的需要，由学校组织相关专业带头人、骨干教师和“双师型”教师共同编写而成。在编写过程中，得到学校领导及有关同志的大力支持和热情帮助。

随着国家经济的飞速发展，中国的烹饪业正面临着前所未有的发展机遇，同时也面临着严峻的挑战。作为烹饪业最基层的厨房工作人员，厨师的服务技能及综合素质的高低，关系到整个烹饪行业的兴衰。为提高烹饪从业人员的综合素质，满足烹饪岗位培训工作的需要，国家级示范校——贵州省旅游学校以及业内专家，按照专业课程理实一体化建设的要求，集多年实践经验和研究成果之所成，共同编写了本教材。

贵州省旅游学校烹饪专业目前是省内同行业中影响力最大的国家级重点建设专业。自专业开设以来，我们从大力开展烹饪专业社会培训入手加强专业建设，近年来通过组织全省系统的酒店行业烹饪技能培训、乡村旅游农家乐菜肴系列培训等，已产生了一定的社会影响力。通过几年的前期专业建设积累，学校专业建设工作现逐渐从以社会培训为主向全日制专业技能教学和学历教育相结合转型。烹饪师资队伍强大，专业教师均有在酒店行业或餐饮行业工作或挂职锻炼的经历，大部分参加过国家级骨干师资培训，多次在全省饭店技能大赛和各类餐饮行业培训中担任评委和培训讲师工作，承担全省旅游专业骨干师资培训授课任务。烹饪专业现有兼职教师均聘请贵阳市各高档餐饮企业和五星级酒店中西餐餐饮部总监和知名黔菜大师、行政总厨。经学校学历教育和培训的历届毕业生一出校门即受到餐饮企业的青

前言

R E F A C E

睐，很多毕业生在企业工作后能够很快进入企业初级管理层，成为业务或者技术骨干。

本教材是一套以工作任务为引领、采用项目化教学的厨房工作培训实用手册。教材具有以下四个鲜明特色：

第一，结合实际：教材立足于目前贵州省省情，紧跟行业步伐，由既有行业背景又有烹饪培训教学经验的教师精心编写而成，保证了知识的准确性。

第二，体例独特：教材打破传统教材的编排模式，紧贴烹饪岗位培训实际，按照项目任务化对重点技能重新整合，突出最为实用和行业最为需要的模块任务，方便了烹饪专业学生阅读学习。

第三，知识实用：每一个工作任务都能在练习关键能力的同时设问，起到举一反三的实用功效。

第四，理念新颖：教材内容紧密结合行业的最新发展实际，注意与国际接轨，借鉴国外烹饪业最先进的培训理念。

本书既是体现贵州地区特点的烹饪专业学生用书，又是厨房工作人员的岗位培训教材，各地旅游行政机构也可作为行业培训用书。

在教材编写中，我们参阅了大量的资料，多位教材建设编委会专家、企业专家和兄弟院校专业教师等给予我们极大的启发与帮助，在此表示衷心的感谢。

贵州省旅游学校

C O N T E N T S 目录

绪 论

一、为什么要学习烹饪知识

一名合格的厨师，不仅要有健康的身体、扎实的技术，还要有良好的综合素质。综合素质它包括一个人的才华、知识、观念、行为、能力、礼节、礼貌、仪容、仪表等诸多方面。

（1）厨师应具备扎实的基本功和高超的烹饪技艺。俗话说："练武不练功，到老一场空。"这句话充分说明了基本功的重要性。厨师是技术人员，要掌握刀工、配菜、火候、原材料、涨发等多项专业基本技能，如果基本功不扎实，就无法将原材料用科学的方法进行加工、改刀、配菜、烹调。可以说，没有扎实的基本功，就不可能烹制出色、香、味、形俱佳的菜点。除了要有扎实的基本功，厨师还要有高超的烹饪技艺。所谓"卖什么，吆喝什么。"现代厨师如果没有几道"绝活"，就很难让食客满意，食客不满意也就无法给企业带来经济效益，企业没有经济效益，厨师很快就会面临失业，这是相互关联的。所以，现代厨师提高基本功水平和烹饪技艺是相当重要的。

（2）厨师应具备一定的文化知识。传统学厨人员大多家里穷，文化水平较低甚至从未读过书，有的甚至连自己的名字都不会写。他们学厨基本上是以师带徒的方式，这在很大程度上制约了烹饪的快速发展。而现代社会飞速前进，对传统烹饪业提出了更高的要求，没有一定的文化知识，就无法利用现代媒体，如报刊、互联网快速补充知识。现代厨师不仅要从师傅那里学技术，还要多学文化知识。只有这样，才能懂得与烹饪有关的原材料知识、营养学知识、烹饪化学、烹饪美学等知识。只有不断学习新的知识，才能不断提高自身的文化素质和竞争力。

（3）厨师应具备超强的创新意识。有两个大的方面：一是观念创新，二是厨艺创新。现代厨师必须打破旧的观念束缚，对任何事物都要抱着去粗取精、开拓创新的想法。传统的“三十年河东、三十年河西”“一招鲜，吃遍天”已无法适应现代餐饮业发展的需求。新时代的厨师在烹饪原材料、制作工艺、口味形状、就餐方式等多方面都要进行大胆改革和创新，只有具备敢于创新的思想，厨艺才会进步，企业才会发展，国家才能繁荣富强。

（4）厨师应具备相互协作的精神。俗话说：“一根筷子容易断，十双筷子抱成团”“众人拾柴火焰高”……这些朴实的话语充分说明了互相学习、互相帮助、团结就是力量的道理。因为不论是国家、民族或者企业、班组，都需要人与人之间的配合，任何一件事情都不是个人所能全部完成的。在一个企业或班组内，没有谁重要、谁不重要，只是大家分工不同罢了。现代职业厨师一定要虚心好学，团结协作。就拿酒店来说，有配菜的、有炒菜的、有端菜的、有服务的、有收银的、有打扫卫生的，如果大家不团结协作，即使水平再高，一个人也不可能干完所有的工作。

（5）厨师应具备良好的厨德 。未来的餐饮业，竞争会更加激烈，厨师之间的竞争，也不可避免地要加剧。更多的用人单位在选择厨师时已不局限在技术方面，而是从理论知识、综合素质和一眼看不见的人格等多方面考虑。对厨师来说，人格就是厨德。德是才之师，是成就事业的基础。假如一个厨师欺上瞒下、坑害他人、偷吃偷拿、损人利己、道德败坏，有谁愿意与他交朋友、做同事，又有谁愿意聘用他？要想做成事，必先做好人。具备高尚的人格和良好的厨德是现代厨师最重要的素质之一。

二、通过贵州火锅的制作来学习原材料知识

贵州有句古谚：“吃饭没酸辣，龙肉都咽不下。”如果来到这个偏居

西南一隅的黔地，只去看看黄果树瀑布，参观参观遵义会议旧址，或是喝喝茅台酒，而不去尝尝鲜酸香辣的贵州菜，真是有点可惜。先来一碗酸汤怎么样？贵州菜里的酸汤可不是简简单单一碗醋，酸汤也分类——菜类酸、鱼类酸、肉类酸、米类酸，都是靠生物自然发酵而成，像番茄酸汤就是用西红柿慢慢熬出来的，浓浓的酸鲜味让人喝了一碗还想喝第二碗。怕辣不怕辣的朋友都可以试试贵州辣子鸡火锅，黔菜的辣可是“香辣”，而不是那种让你边吃边掉泪的干辣不香。油红油亮的辣子鸡火锅一端上来，一股辣香气扑鼻而来，你就慢慢地在那一块块酥软的鸡肉里享受吧。

以家常菜为主的贵州菜当然不只这两样，黔菜打一开始就善于集百家之长。贵州的世居民族，只做一些简单的山野之菜，慢慢地，江西人来了，四川人来了，湖南人来了……汉人带来的各地特色菜和苗家土菜一结合，就成了黔菜的“祖宗”。大约在明代初期，贵州菜已经有模有样。民国时，许多黔菜师傅跑到四川学手艺，回来后带出一帮弟子，这些徒弟自我创新，又带出自己的徒弟，现在贵州菜的师傅们大部分就是他们的“后代”。虽说万变不离其宗——酸辣，但黔菜师傅们总在琢磨怎么让自己的菜更有特色，才能让已经尝遍各地特色菜的人们停在黔菜馆门口。

内行人说，现在的贵州菜，又叫江湖菜，无帮无派，似黔非黔，似粤非粤，似川非川，自成一派。于是，光是怎么“辣得香”就有了好多门道。贵州人吃辣椒在全国首屈一指，这不是指贵州人能吃辣、吃得多，而是说，贵州人的辣椒加工成系统，口味上有特色。黔菜带辣味的菜肴可分为油辣、煳辣、干辣、青辣、糟辣、酸辣、麻辣、蒜辣等系列，吃起来，有的辣得大汗淋漓，有的辣得回味无穷……比如，其他地方绝对没有的鸡辣椒，因为主料是嫩嫩的鸡丁，自然比一般的辣椒多了一种鲜香味。

黔味火锅也自成特色，花江狗肉火锅、凯里酸汤鱼火锅、贵阳青椒童子鸡火锅、幺铺毛肚火锅、鼎罐鸡火锅等，光听名字就让人嘴馋。黔味火锅特别强调主料、调料、辅料混合而成的异香味，锅烧开后，香味扑鼻。大部分情况，下用来搭配火锅就餐的蘸水也是一绝。虽然辣椒、蒜泥、姜末、芫荽、花椒、味精等调料可酌情添减，但什么菜配什么蘸水都有讲究。如黔味名菜“金钗挂玉牌”，用糍粑辣椒蘸水，辣香醇厚；用煳辣椒蘸水，干香浓郁；用青椒西红柿蘸水，清香爽口……还有更讲究的，或在蘸水中加上炸过的黄豆、花生；或调上豆腐乳，撒上点脆哨、肉末；或加上点折耳根（鱼腥草）、茴香、薄荷、苦蒜、豆豉……风味各不相同。贵州各族人民创造了丰富的饮食文化，大多数民族喜欢食鱼、牛肉、狗肉，创造了许多的佳肴，组成了千滋百味的民族菜，开创了贵州菜一辣二酸的特色，可谓“辣出品味，酸出特色”。

三、烹饪原材料的概念

烹饪原材料是指符合饮食要求、通过烹饪手段制作各种食品的可食性食物原材料。

中国烹饪原材料的选用特点：

（1）原料广博，风味多样。

（2）技艺精湛，四季有别。

（3）讲究美感，注重情趣。

（4）食医结合，饮食养生。

四、烹饪原材料的分类

（1）依据烹饪原材料在加工中的作用，分为主配料、调味料、佐助料。

（2）依据原材料的来源，分为动物性原材料、植物性原材料、矿物性原材料、人工合成原材料。

（3）依据原材料的加工程度，分为鲜活原材料、干货原材料、复制品原材料。

（4）依据商品体系，分为粮食、蔬菜、水果、肉及肉制品、水产品、干货及干货制品、蛋奶及蛋奶制品、调味品等。

五、学习烹饪原材料知识的目的和方法

1. 学习目的

学习烹饪原材料知识，是为了对各类原材料有准确的、充分的、科学的认识，有助于在烹饪操作过程中能正确地运用不同的原材料，烹制出优秀的菜点。

2. 学习目标

（1）了解烹饪原材料的分类，掌握烹饪原材料的鉴别以及必要的保管知识，能够选用高质量的原材料，并能采取相应措施保证原材料的质量。

（2）了解贵州主要烹饪原材料的外观特点、烹饪应用方法、风味特点和营养特点。

（3）掌握原材料在烹饪加工中的变化规律。

（4）能正确使用原材料，为菜肴的制作和创新打下坚实的基础。

3. 学习方法

（1）理论和实践相结合，多做多尝。

（2）细致观察，总结规律。

六、烹饪原材料的选用

1. 合理选用烹饪原材料的重要意义

（1）合理选用原材料是保证菜点质量的前提条件。为菜点制作提供合适的原材料，可保证菜点的基本质量，有助于形成菜点的风味特色和传统特色。

（2）扬长避短，使烹饪原材料得到充分合理的利用，有效发挥烹饪

原材料的使用价值和作用。

（3）满足人们的营养和卫生需求，避免使用伪劣原材料。

（4）合理进行成本控制、减少不必要的浪费。

2. 烹饪原材料选择注意事项

（1）产季：自然生长的动植物性烹饪原材料的品质具有很强的时令性。正当时令的原材料口感好、风味佳，富含丰富的营养元素，食用价值高。一旦错过最佳食用期，质量即下降。

（2）产地：各地区烹饪原材料的品种质量差异较大，有大量地方特产和地方名产。地方特产及名产的出现对于形成具有地方特色的菜点具有很重要的作用。

（3）食用部位：同一原材料的不同部位，它的各组织构成比例差异很大，造成质量迥异，尤其是体积较大的动植物性原材料尤其如此。烹调时，需根据不同菜肴分别选择使用原材料的不同部位。

（4）储存：烹饪原材料在储存保管时可能会发生变质。在使用前可针对损伤及变质程度进行相应的预处理，避免造成原材料浪费，影响食用者的健康。

（5）充分考虑原材料的营养卫生要求。

3. 正确选料

（1）必须经过反复实践和不断总结。

（2）充分了解具体菜点对原材料的要求。

（3）充分了解具体原材料的品种特性，包括各原材料的性能和品种之间的质量差异，产地、产季对原材料质量的影响。了解各地的地方特产，了解原材料不同部位的特征。

（4）掌握原材料真伪的鉴别方法。

七、烹饪原材料的品质鉴别

（一）烹饪原材料品质鉴别的含义

（1）定义：从原材料的用途和使用条件出发，对原材料的食用价值进行判断，确定其食用质量的好坏。

（2）地位：是烹饪原材料选料的重要组成部分，是选料的前提条件。选料的过程就是根据菜品制作的要求，结合原材料的性质和特征进行的品质鉴别的过程。

（3）实质：是根据各种烹饪原材料外部固有的感官特征和内在结构及化学成分的变化，用一定的检验手段和方法判定原材料的可用程度和质量的好坏。

（4）作用：第一，有利于掌握原材料质量优劣，选用的不同烹调方法，制作出优质菜肴；第二，避免腐败变质原材料和假冒伪劣原材料进入烹调环节，保证菜肴的卫生质量。第三，更好地对原料进行储藏管理。

（二）烹饪原材料品质鉴别的标准

鉴别原材料质量的最基本依据是原材料的固有品质、成熟程度、新鲜程度、清洁卫生程度等几方面。

1. 原材料的固有品质

（1）原材料固有品质包含营养价值、口味、质地等指标，也就是原料本身的使用价值，使用价值越大，品质就越好。

（2）原材料的固有品质与原材料的产地、产季、品种、食用部位及栽培饲养条件有密切关系。

2. 原材料的成熟程度

（1）成熟度适当的原材料能充分体现原材料特有的内在品质。烹调中所指的成熟度，是指适合食用的成熟度，而不是动植物的生理成熟度。

（2）判断成熟度的标准：与原材料的饲养或栽培时间、上市季节有密切的关系，不同原料的成熟度有不同的衡量标准。

3. 原材料的新鲜程度

感官判断

（1）形态的变化。

（2）色泽的变化。

（3）水分的变化。

（4）重量的变化。

（5）质地的变化。

（6）气味的变化。

理化指标判断

（1）通过对原材料物理、化学指标进行检验，可以较正确地得出对原材料新鲜程度的评价。

（2）理化指标包括营养成分、化学成分、农药残留量、重金属指标等化学指标，以及硬度、嫩度、脆度、弹性、黏度、膨胀度等物理指标。评价动物性原材料新鲜度的主要化学指标为挥发性盐基氮的含量。

此外还有微生物指标。

4. 原材料的纯度

（1）纯度是指原材料的净料部分占原材料的比例。

（2）纯度与原材料中混杂的杂质比例有关，纯度越高，成熟度恰到好处，品质就好。

（3）原材料中有杂质是不可避免的，但必须避免烹饪原材料中出现变质杂质。

5. 原材料的清洁卫生程度

（1）原材料的清洁卫生程度是指原材料表面黏附的污秽物、虫及虫卵、微生物等污染程度，原材料腐败变质程度以及可引起人体发生食物中毒的各种有害物质的含量。

（2）原材料的清洁卫生程度与食用安全程度呈正相关关系。

（三）品质鉴别的方法

1. 理化鉴定

（1）定义：利用仪器和试剂，对原料的品质进行判断，包括理化检验和生物检验两种方法。

（2）理化检验的实施：通过测定分析原材料的化学成分、物理指标以及生物学指标，再与国家、行业及企业标准进行对比参照，从而做出对原材料品质优劣的判断。

（3）优缺点：结论较为科学、准确，受主观因素影响小，可靠性强，具有一定的权威性。但由于普通企业通常无法自行检测，主要在质监、检疫部门使用。

（4）使用范围：大多适合大型餐饮企业大批量采购时使用。

（5）理化方法用于分析、检验原材料的物理化学性质，生物方法用于检验原材料有无毒性或有无生物性污染。

2. 感官鉴定

（1）定义：感官检验是以人的感觉器官对原料品质进行鉴定的分析检验方法，即利用人的感官，如眼、耳、鼻、舌、手等对原材料品质进行鉴别。

（2）感官检验的实施：烹饪原材料的品质可从其气味、滋味、外观形态等感官性状上反映出来，人们通过感觉器官可对原材料是否变质、变味、变形等综合判断。

（3）优缺点：简便、灵敏、直观，无须专门的仪器设备，尤其是烹饪原材料品质的可接受性只能用感官检验来判断和认定，精确度和重现性较差。影响感官检验准确度和重现性的因素有感觉疲劳和心理因素，常见的有对比增强现象、对比减弱现象等。

（4）使用范围：感官检验法适用于几乎所有的烹饪原材料，简便易行，是目前餐饮业最常用的品质鉴别的方法。

3. 感官检验的方法及注意事项

嗅觉鉴定

（1）可采用适当方法如加热，来增加气味物质的挥发度，以提高嗅觉检验的准确程度。当食物腐败变质时就会有不同的异味产生。

（2）先识别味淡的，后鉴别气味浓的，鉴别前禁止吸烟。

（3）避免嗅觉疲劳。

视觉鉴定

（1）视觉检验应从原材料包装的完整程度、大小、形状、结构、色度、光泽等方面入手。

（2）应在光线明亮的环境下进行视觉检验，室内最好采用冷光源。

（3）对于可能出现沉淀及悬浮物的液态食品，应注入无色玻璃器皿中进行观察；对于瓶装或包装食品，应开瓶、开袋检验；应取样检查的要取出样品检查。

味觉鉴定

（1）味觉检验不但能品尝到食品的滋味，对于食品中极轻微的变化也能敏感地察觉到。

（2）检验指标：包括原材料入口后的风味特性（滋味及口腔的冷、热、收敛等知觉和余味）及质地特性（原材料的硬度、脆度、凝聚度、黏度和弹性），咀嚼原材料时产生的颗粒、形态及方向物性以及油、水含量。

（3）最好使食品处在 20℃ ~45℃之间，进行烹饪原材料的味觉检验。

（4）按刺激性由弱到强的顺序鉴别食品。

听觉鉴定：主要鉴别原材料的脆嫩度、酥脆度及新鲜度。

触觉鉴定：凭借触觉来鉴别食品的膨、松、软、硬、弹性，以评价食品的优劣。感官测定食品硬度时，温度应在15℃~20℃之间，因为温度的升降会影响到食品状态的改变。

单元1

植物性烹饪原材料

植物性原材料是指植物界中可被人们作为烹饪原材料应用的一切原材料及其制品的总称。植物烹饪原料中的化学成分不仅具有营养价值，还有药用价值。

它主要提供糖类、维生素、矿物质、蛋白质和脂肪等营养素。而且，其特含的纤维素、果胶质等，在维持人类肠道健康上具有重要的作用。有些原料甚至有防癌、抗癌的作用。

五谷杂粮吃法多种，种类更是多种多样。

1. 粮食的概念

粮食是指供食用的谷物、豆类和薯类的统称。

2. 粮食的分类

（1）稻类：籼稻、粳稻、糯稻等。

（2）麦类：小麦、大麦、燕麦、荞麦等。

（3）谷类：玉米、小米、高粱、薏仁米等。

（4）豆类：大豆、蚕豆、豌豆、绿豆、黑豆、赤豆、扁豆等。

（5）薯类：甘薯、木薯等。

3. 粮食的烹饪应用

（1）是制作主食的重要原材料，但有些有效成分在烹制过程中会发生变化，要注意合理控制。

（2）可以制作各种菜肴，如小米鲊、乌江豆腐鱼、酸菜小豆汤、金钩挂玉牌等。

（3）可以制作糕点和小吃，如蛋糕、汤圆、粽子、包谷粑等。

（4）是制作调味品和复制品的重要原材料，如酱油、甜酱、味精等。

项目1 米饭土鸡火锅

学火锅认材料

原料：本地土公鸡一只约2千克、惠水大米（或湄潭大米）1千克、时令蔬菜若干、精盐30克。

可选：天麻（或枸杞）30克、大枣100克

制作方法：

（1）将土公鸡宰杀清理干净。

（2）将公鸡和天麻（或枸杞）、大枣入锅（有条件的话使用砂锅），注入清水没过材料。

（3）大火烧开后轻轻漂去汤面的沸沫，改用小火加盖炖1小时。

（4）关火，将鸡取出斩成小块，重新放入汤内并加入淘洗好的大米。

（5）用中火煮30分钟，至大米成稠状即可放入精盐。

本菜肴特色：米香宜人，鸡肉鲜美，既充满了贵州本地特色的醇厚浓香，又有营养上的优质搭配。食用时可佐以贵州特有的各种蘸水，小米辣、糟辣、煳辣均可，口味因人而异，男女老少皆宜。

知识链接

第五届中国优质稻米博览交易会金奖大米名单

湖南省黄贡无公害高科技股份有限公司	黄贡牌保胚米
中央储备粮郴州直属库津裕米业	津裕牌银丝米
湖南口口香米业有限公司	口口香牌东方圣米
黑龙江金健北方现代农业有限责任公司	金健牌麦饭石大米
湖南邵阳市浩天米业有限公司	浩天牌浩天大米
陕西建兴农业科技开发公司	汉谷源牌香米
江西省吉水县赣兴粮油有限公司	赣欧牌绿色大米
湖南桃源县陬市东林泰香米业中心	世外桃花香牌泰香米
辽宁省稻作研究所	辽星牌辽星 1 号大米
湖南湘阴湘江米业有限公司	湘江牌湘江香米
贵州省惠水县粮食购销公司	雅晶牌金丝米
湖北国宝桥米有限公司	国宝牌国宝桥米
江苏省淮安市神农米业有限公司	淮上珠牌淮上珠有机米
贵州省湄潭县茅贡米业有限公司	茅贡牌大粒香米
吉林吉农水稻高新科技发展有限责任公司	吉农牌吉粳 88 号健力米

在 2006 年“第五届中国优质稻米博览交易会”金奖名单上，贵州省有两类大米名列其中。

惠水有云贵高原上“鱼米之乡”的美誉，盛产的大米香味浓郁，口感好，古代为传统贡米，也是当今无公害有机食品，在省内享有盛誉，深受百姓的喜爱。惠水是贵阳粮食的重要供应地，古有“定番米三日不到，省城即成饥荒”之说。经注册后上市的惠水“雅晶”牌大米，具有颗粒晶莹饱满、油光晶亮、洁如珍珠、香味浓郁等特点，该品牌大米于 1997 年注册生产，2003 年 10 月获省“优质农产品”称号，2005 年 9

月被中国粮食协会评为“放心米”。2006 年 1 月荣获农业部颁发的“无公害产品”称号，2006 年 11 月在湖南长沙举行的“第五届中国优质稻米博览交易会上”荣获中国优质稻米“金奖”称号。

湄潭县是全国商品粮基地县之一，现有原米生产基地 6 个。湄潭茅坝米在明嘉靖年间作为贡品进奉朝廷而美名远扬，故称为“茅贡米”。茅贡米色泽光亮、晶莹饱满，煮食浆汁如乳，米饭油亮黏润，有天然清香，入口松软有弹性，回味香甜悠长，为米中精品。抗日战争时期浙江大学西迁在湄潭办学时，校长竺可桢先生曾给予其高度评价，誉之为“黔中之宝”。2001 年，茅贡米通过国家绿色食品发展中心的绿色食品 A 级认证；2002 年，茅贡牌珠光营养米被中国技术监督情报协会食品专业委员会确认为中国市场放心健康食品；2003 年 10 月，茅贡牌顶级香米、珠光营养米、硒锌米又荣获“首届贵州名特优农产品展销会名牌农产品”称号；2003 年，“中国 (淮安) 优质稻米博览交易会”上，茅贡牌顶级香优质稻米以评分第一名的成绩荣获“中国十大优质精米金奖”。

一、主粮类

稻米

稻米又称大米，由水稻碾制脱壳而成。

1. 稻米的分类

根据特点不同，稻米主要分为籼米、粳米、糯米三类。

籼米：米粒细长，色泽灰白，一般是半透明，质地疏松，硬度小，加工时容易破碎，黏性小，口感较差，涨性大，出饭率高。

粳米：米粒短圆，透明度较好，质地硬而有韧性，加工不易破碎，米饭黏性大，柔软可口，涨性小，出饭率低。

糯米（江米、酒米）：有粳糯和籼糯两种。粳糯粒形短圆，籼糯粒形细长。两者均呈不透明的乳白色，黏性大，涨性小，出饭率低 。

此外，稻米还有特色米，如香米、黑米等。香米因质佳味香而得名，产量相对较低。黑米的米粒呈黑紫、紫红等颜色，营养价值高，有很好的滋补作用，仅云贵川有少量栽培，较为珍贵。通常用于制作甜食、粥品。“中国黑糯米之乡”位于贵州省惠水县。

2. 优质米的品相

大小均匀，丰满光滑，色泽正常，糠粉少。

3. 稻米的烹饪应用特点

籼米：通常用来制作米饭和粥类，还可以加工成米粉、米线、河粉等。用其磨制的米粉用于制作“花溪牛肉粉”“粉蒸排骨”等菜品。

粳米：应用基本与籼米相同，但纯粳米调制的粉团具有黏性，米质较硬，常用于蒸粥，有很高的营养价值。

糯米：一般不做主食，是制作各种风味食品、小吃、甜饭的主要原材料，如八宝饭、小米鲊、毕节汤圆等。

小麦

1. 小麦的分类

小麦按季节可分为冬麦与春麦，按质地可分为硬麦和软麦。

硬麦：硬麦的胚乳坚硬，呈半透明状。含蛋白质较多，筋力大，主要用于制面包和面食。

软麦：又称粉质小麦，胚乳呈粉状。软麦性质松软，淀粉含量多，筋力小，质量不如硬麦，磨制的面粉主要用于蛋糕、饼干和糕饼等面点品种。

2. 小麦粉的分类

按照蛋白质含量的不同，小麦粉分成高筋粉、中筋粉、低筋粉和无筋面粉。

低筋粉：色白，质细，含麸量少。用特制粉调制的面团，筋力强，适于制作各种精细品种，如蒸饺、拉面、千层酥等。

中筋粉：颜色乳白，体质半松散，包装上一般会注明，适于制作大众面食品种。

高筋粉：本身较有活性且光滑，色泽较黄。一般用于制作面包、酥皮点心等品种。

按照用途的不同，小麦粉又有各种专用粉。常用的有面包粉、糕点粉、面条粉等。

3. 优质面粉的选择

一般根据白度、面筋强度、发酵耐力、高吸水量等选用。

4. 面粉在烹饪中的应用

（1）制作各种馒头、包子、饺子、面条、蛋糕、饼等，其面点制品是我国最重要的日常食品之一。

（2）小麦发酵后还可制作啤酒、酒精、伏特加或生质燃料。

（3）在某些油炸食品中，用面粉调制面糊作为裹料应用。

大麦

1. 大麦的分类

根据大麦籽粒与麦稃的分离程度不同，可将大麦分成青稞（元麦，裸大麦）和皮麦（有稃大麦）。按用途可分为啤酒大麦、饲用大麦、食用大麦三种类型。

2. 大麦的烹饪应用

大麦磨成粉后，可以制作饼、馍、糌粑等；去麸皮后压成片，可以用于制作麦片粥等。此外，大麦还是酿造啤酒、制取麦芽糖的原材料。

燕麦

燕麦加上花椒炒面，是彝家古老的传统风味小吃，为毕节地区食品之一。

1. 燕麦的烹饪应用

经加工去掉麸皮后，可以用于做饭粥，还可以蒸熟或炒熟磨粉使用。燕麦磨粉和面后不易成团，一般与面粉混合后制作各种面食。燕麦还可以加工成燕麦片。

2. 燕麦的营养特点

可以有效降低和控制血中胆固醇的含量。经常食用对身体很有好处，对心脑血管疾病有预防作用，有降糖、减肥、改善血液循环的作用，是补钙佳品。

荞麦

荞麦，又称乌麦、三角荞、花荞等，现在主要生长在贵州省的毕节地区、安顺地区和六盘水地区。

1. 荞麦的分类

按照形态和品质，可将荞麦分为甜荞、苦荞等品种，优质荞麦粒大肉厚，色泽光亮。

2. 荞麦的烹饪应用与营养特点

荞麦中蛋白质、维生素 B_1、B_2 的含量比较丰富，是一种应用价值较高的原材料。荞麦去壳后，可制作饭粥，也可以磨成粉，做成扒糕和面条。荞麦粉还可以与面粉混合制作各种面食，荞麦的嫩叶可作蔬菜食用。

二、谷类

玉米

1. 玉米的种类

玉米按用途可分为特用玉米（糯玉米、甜玉米、爆裂玉米、高油玉米等）和普通玉米。按种皮颜色，可分为黄玉米、白玉米及其他色玉米。

2. 玉米的烹饪运用

（1）玉米含有大量营养保健物质，糯玉米优于普通玉米，可制多种黏食。

（2）制作主食或粥品、小吃，如窝头、玉米饼、玉米粑等。

（3）嫩玉米和美洲玉米珍珠笋可作为菜肴的主料和配料，如玉米羹、松仁玉米。

（4）作为制取淀粉、提炼油脂和酿酒的重要原材料。

小米

1. 小米的分类

小米，又名粟，分为粳性小米、糯性小米两种。种皮多为黄、白、红、灰；一般来说，谷壳色浅者皮簿，出米率高，米质好；而谷壳色深者皮厚，出米率低，米质差。

2. 小米在烹饪中的应用

主要作为主食原材料，可以制成小米饭、小米粥；磨成粉后可以制作窝头、丝糕等；与面粉掺和后可制各式发酵食品。

高粱

高粱，叶片似玉米，性喜温暖，抗旱耐涝，在贵州被酒厂大量收购。高粱脱壳后即是高粱米，所含的铁和脂肪量高于大米。

1. 高粱的分类

按照用途和性状可分为食用高粱、糖用高粱、帚用高粱。按照籽粒的颜色，高粱又有白、黄、红、黑褐等品种，质量以白壳高粱最好，黄壳高粱次之。

2. 高粱的烹饪应用

主要作为主食原材料食用，如制作饭粥。也可以磨成粉后制作糕、饼等。谷粒还可酿酒、制饴糖。

高粱米有健脾益胃，温中、养身、滋养作用，高粱叶和胃、止呕，高粱根利水止血，高粱霉则有收敛、止血的功效。

薏仁米

薏仁米，又称苡仁、苡米、药玉米等，呈圆球形或椭圆形，表面白色或黄白色，光滑，是典型的“抗癌食品”，对风湿患者有良效。

薏仁米主要用于制作甜食，如制作各种羹汤，或加入各种米饭中。夏季受潮易生虫和发霉。

项目 2 贵州豆米火锅

学火锅认材料

原料：五花肉 5 千克　四季豆 7.5 千克

猪筒骨 5 千克　西红柿片 1 千克

调料：砂仁 75 克，干辣椒 20 克，八角、鸡精、味精各 50 克，蒜米 250 克，盐 90 克，白糖 50 克，熟猪油 1000 克，蒜苗节 500 克，老姜 300 克，大葱 200 克，料酒 400 克，味碟 1 个。

制作方法：

（1）将猪筒骨入沸水锅汆透后，加 25 千克清水，入老姜、大葱、料酒，先用大火烧 9 分钟至锅开，改小火吊至汤成乳白色备用。

（2）干四季豆米用温开水浸泡（干豆米和水的比例是，将豆米放在锅里，水高出豆米 2 倍）12 小时，中途可换 3 次水。控干水入高压锅，加清水压 1 小时，至软糯而不烂，控干水备用。

（3）将五花肉切成筷子条厚，用四成热熟猪油爆炒至肉呈金黄色，捞出沥油。

（4）锅留底油，烧热后将八角、砂仁、干辣椒炒香后，入蒜米炒香。取一半豆米炒成蓉，越细越好。加原汤调好味，将另一半豆米放在里面翻炒均匀。加西红柿片、蒜苗节。走菜时放入炸好的五花肉即可。

注意事项：

（1）先用清水将四季豆泡涨，去掉原水再压制，可以使豆子软糯适口。

（2）吊汤时一定先用大火、再用中火、最后用小火吊制，汤色才会呈乳白色。

（3）将五花肉入锅炸制时，不要过多搅拌。火不宜太大，否则极易煳锅；但火太小，肉不易酥烂。

（4）炒香料时最好用小火炒，以免香料发苦。

特点：汤鲜味美，浓而不稠。豆米熟烂，口感细腻，搭配酒饭均可，回味无穷。

一、豆类

大豆

1. 大豆的种类

按照种皮颜色的不同，有黄大豆、青大豆、黑大豆、其他大豆等。

2. 中餐烹饪中的应用

大豆原产于我国，是重要的烹饪原材料。既可以整粒运用制作菜肴、休闲食品或作粥品的辅料，也可以磨粉，制作主食和各种面点。贵州人爱吃的腐乳、豆豉等是用大豆制品发酵后制成。

蚕豆

蚕豆又名胡豆、罗汉豆、马料豆等，相似为西汉张骞自西域引入。

1. 蚕豆的分类

按照籽粒的大小不同，蚕豆有大粒、中粒、小粒三种。按照种皮的颜色不同，又有青皮蚕豆、白皮蚕豆、红皮蚕豆。

2. 蚕豆的烹饪运用

嫩蚕豆多制作菜肴，可煮、炒、油炸，也可浸泡后剥皮炒菜或制作汤。蚕豆不可生吃，可加工成豆芽、豆沙、蚕豆粉等，还可制酱油、甜酱、豆瓣酱等。

豌豆

1. 豌豆的种类

豌豆以嫩荚、豆粒和豆苗供食用，营养价值高。根据食用部分的不同又分别称为荷兰豆、麦豆和寒豆。

2. 豌豆的应用

嫩豌豆有清肠的作用，一般用于制作菜肴，如清炒荷兰豆、清炒豌豆。用豌豆制取的淀粉可制作粉丝、凉粉等食品。豌豆凉粉是贵州人最爱的小吃之一。

绿豆

1. 绿豆的种类

按照种皮的颗粒，可以分为明绿豆、黄绿豆、灰绿豆、杂绿豆四大类。

2. 绿豆的烹饪应用

绿豆可与大米、小米等原材料混合，制作饭、粥等；也常制成绿豆沙，在面点中作为馅心使用。此外，绿豆还是制取优质淀粉的原材料，可用于品质优良的粉丝、粉皮的制作。绿豆汤是夏季清热解暑的饮料。

红小豆

红豆，又名赤豆，豆荚光滑，籽粒呈短圆或圆柱形，富含淀粉，有补血、利尿、消肿、促进心脏活化等功效。

红豆多用于制作羹汤、粥品，煮烂脱皮后可加工制成赤豆泥、豆沙等，是制作糕点甜馅的主要原材料，与面粉掺和后可做各式糕点。在菜肴的制作中可作为甜味夹酿菜的馅料，如夹沙肉、南瓜红豆盅、红豆包、酸菜红豆汤等。

扁豆

扁豆以嫩荚和种子供食。贵州省也是中国主要的扁豆产区，种类很多，如白扁豆、紫扁豆、油豆、四季事、蛇豆等。

扁豆荚肥厚扁平，种子较大，扁圆形，具有根治脾胃虚弱，治急性肠胃炎、腹泻等疗效。

嫩豆荚和嫩豆粒可作新鲜蔬菜入烹。成熟的豆粒经蒸煮制成豆泥、豆沙食用。忌生食。

黑豆

黑豆发酵即制成豆豉，是贵州人喜爱的调味品，为食用蔬菜，营养价值很高，具有补脾、利水、解毒的功效。制成豆浆豆腐，是须发早白、脱发患者的食疗佳品。

二、薯类

甘薯

甘薯，又称为番薯、红薯、红苕，贵州人谷称“饭薯”，大街上常见以大铁桶烤制香喷喷的整个烤甘薯。

1. 甘薯的分类

按照皮色不同，主要有红色和白色两大类。甘薯的薯肉颜色有白、黄、杏黄、橘红等。白色薯肉含淀粉多，水分较少，适宜于提取淀粉；红色薯肉含丰富的胡萝卜素，糖分和水分含量多，味甜，常供鲜用。

2. 甘薯的烹饪应用

甘薯可直接食用，也可直接煮、蒸、烤食，还可在煮熟后捣制成泥，与米粉、面粉等混合，制成各种点心和小吃，如红薯饼、苕梨等。将其晒干磨成粉后，与小麦粉等掺和，可做馒头、面条、饺子等。甘薯粉加到面包中可增加维生素与钙的含量，甘薯代替小麦制味精不但成本低，还节约粮食。此外，甘薯的嫩茎和叶可作为鲜蔬食用，如清炒红薯苗。

木薯

木薯，又称树薯、木番薯、南洋薯等，与马铃薯、甘薯称为世界三大薯类，主要分布在我国热带地区，贵州南部亦有种植。

木薯的主要供食部分是其地下长圆柱状块根。

木薯的烹饪应用与甘薯基本相同，可直接煮、蒸、烤食用。或煮熟捣泥，与米粉、面粉等混合，制成点心和小吃。

此外，木薯常用于提取淀粉。木薯淀粉成品色白细腻，为优质淀粉，可用于西米的加工。

木薯块根毒性大，须先水浸去毒，并经过加工至熟后方可食用。

三、粮食制品

粮食制品是指以五谷杂粮为原材料，经加工制成的成品、半成品的统称。

1. 粮食制品的共性

（1）是制作主食的重要原料。

（2）适于多种烹调方法。

（3）是制作调味品和复制品的重要原材料。

（4）是制作各种风味小吃的原材料，如贵州的糍粑、毕节豆腐干等。

2. 粮食制品的种类

按照加工原材料的不同，粮食制品有以下三类：

（1）谷制品：是以面粉、稻米为原材料加工而成的粮食制品。主要品种有挂面、面包渣、面筋、澄粉、糯米粉、米凉粉等。

（2）豆制品：是以豆类为原材料加工而成的粮食制品。大多是由大豆的豆浆凝固而成豆腐及再制品。

◇豆浆制品：用未凝固的豆浆制成，如豆浆、腐衣、腐竹等。

◇用点卤凝固后的豆脑制成，如豆花、豆腐脑、豆腐、豆干、百叶等。

◇豆芽制品：成熟的豆粒在适合的条件下发芽形成的芽菜，如黄豆芽、绿豆芽等。

◇其他豆制品：指其他的豆制品或用提取的大豆蛋白质人工制成的复制品等，如豆渣、红豆沙、绿豆沙等。

（3）淀粉制品：是以从粮食中加工提炼出的淀粉为原材料，再经加工而成的制品，如粉丝、粉条、粉皮、凉粉、西米等。

谷制品

面筋及澄粉

面筋是将面粉加水和成面团后，在水中揉洗，除去淀粉和杂质等后得到的浅灰色、柔软而有弹性的胶状物。

1. 面筋的种类

刚洗出的面筋叫生面筋，它容易发酵变质，不耐储存，常被进一步加工成不同的制品。

（1）水面筋：将生面筋投入锅中约 80 分钟，用水煮熟。色泽灰白，有弹性。

（2）烤麸：将大块生面筋发酵后平摊在蒸笼中，厚度 2~3 厘米，蒸成饼状。质地多孔，呈海绵状，松软而有弹性。

（3）油面筋：将生面筋加工成小块，油炸而成。色泽金黄，中间多孔。

此外，面筋还可熏制、干制以利久藏；也可经干燥后制成活性面筋粉，使用方便。

2. 面筋及其各种加工品的烹饪应用

面筋及其各种加工品口感柔韧，富有弹性。在烹调中，既可以单独使用，也可以与其他原材料配合，最宜与鲜美的动物性原材料合烹。适合炒、烩、烧、蒸、做汤等。

3. 澄粉

澄粉，又称为澄面、麦粉，即将小麦面粉经洗去面筋质后沉淀下来的无筋质淀粉干制品。

澄粉色白、无筋力、不黏手、杂质少。烫熟后色泽光亮，略透明，韧性强，可用于面点的制馅及工艺面点的造型，如用于制作虾饺、肠粉、粉果等。

米粉

米粉，又称米线、河粉，有粗细之分，以大米为原材料，经过多道工序制成的线状原材料。

特点：米粉以质地洁白，柔韧滑爽，煮后不黏条、不糊汤、断条少、无斑点、无异味者为佳。

应用：米粉的食用方法很多，可以炒、煮、烩等，凉热皆宜。贵州的“花溪牛肉粉”，云南的“过桥米线”“小锅米线”，广西的“桂林马肉米粉”，都是著名的地方风味小吃。

豆制品

豆腐

豆腐是以大豆为原材料，经过浸泡、磨浆、过滤、煮浆、点卤等程序制作而成的原材料。

1. 豆腐的分类

嫩豆腐又称“石膏豆腐”，多用石膏（硫酸钙）点制。含水量多，色泽洁白，质地细嫩，适于拌、烩、烧、制作汤羹等。

老豆腐又称“盐卤豆腐”，多用盐卤（氯化镁）点制。含水量较少，色泽白中略偏黄，质地比较粗老，适合煎、炸、酿以及制馅等。

豆腐还可制成冻豆腐，或称海绵豆腐。由于冻豆腐多孔，可以饱吸汤汁，适于烧、烩、制汤以及作为火锅用料等。

2. 豆腐的应用

豆腐在烹调中应用十分广泛，适于各种烹调方法，制作的菜肴多达上百种。著名的菜肴有“毕节臭豆腐”“青岩小豆腐”“大方豆腐干”“泥鳅钻豆腐”“锅塌豆腐”“麻婆豆腐”等。

【大方骟鸡点豆腐】

“骟鸡点豆腐”这道菜原创于贵州省毕节地区大方县红楼酒店，它是采用本地优质大豆，磨成豆浆后用酸汤加本地骟鸡的肉丝或肉末点制而成，配以大方豆豉制作加工而成的辣椒水，色鲜味美，营养价值极高，深受客人喜爱。骟鸡，就是阉了的公鸡。骟鸡点豆腐中的豆腐入口即化，味道香鲜细嫩，味美无比。

原料：骟鸡一只约 1500 克

鸡丝豆腐 1500 克

肉末 500 克

调料：姜 50 克，香葱 200 克，蒜头 50 克，番茄 100 克

制作方法：

（1）将鸡宰杀后剔骨去皮，将鸡脯肉和鸡皮剁成末状。

（2）将鸡肉末用于点制鸡丝豆腐，其中加入香葱末。

（3）鸡的其余部分熬汤。将已制成形的鸡丝豆腐放入汤中，加入适量葱节和番茄片，煮开后起锅即可。食用时配当地特有的豆豉粑辣椒风味更加独特。

豆芽

1. 豆芽的分类

根据原材料的不同，豆芽有黄豆芽、绿豆芽、黑豆芽、花生芽等。

2. 烹饪运用

豆芽可用于制作冷菜、热菜、面点，做主配料和馅心，也可用于制作素汤或当菜肴的垫底。豆芽性寒味甘，但不同种类功效不同。绿豆芽清热解毒，黄豆芽健脾养肝，黑豆芽养肾，豌豆芽护肝。

腐皮和腐竹

1. 概念

腐皮和腐竹都是大豆磨浆烧煮后，将蛋白质上浮凝结而成的薄皮挑出后干制而成的豆制品。腐皮是片张平摊晾干制成的，色泽奶黄，薄而透明，使之慢慢干燥。腐竹则是湿片张卷成杆状烘干而成的制品，两者虽都是“豆腐皮”，但形状、成分、口感均有很大差别。

2. 应用

烹调前，要先用温水将其泡软。腐衣和腐竹可单独烹调，也可与其他原材料相配，适合多种烹调方法，如烧、制汤、煎炒，凉拌等。此外，腐衣和腐竹还是制作仿荤菜肴的重要原材料，可以制作素鸡、素鸭、素鹅以及素火腿、素香肠等，直接蒸于火锅中也鲜香无比。

淀粉制品

粉丝

1. 粉丝的种类

中国常见的食品，可口易做，分为：

（1）豆粉丝：以各种豆类为原材料制成，其中，以绿豆制作的粉丝质量为佳，呈半透明状，弹性和韧性好，为粉丝中的上品，如山东龙口粉丝。

（2）薯粉丝：一般以甘薯、马铃薯等为原材料加工而成，不透明，色泽暗。

（3）混合粉丝：一般以豆类原材料为主，兼以薯类、玉米、高粱等混合制作而成，品质优于薯粉丝。

2. 粉丝的烹调

粉丝柔润嫩滑，既可以作为菜肴主料、配料，用于拌、炒、烧、作汤，也可以制作面点的馅心。它能吸收鲜美汤料的味道，凉拌也非常可口。

粉皮

粉皮一般以大米、豆类及薯类淀粉为原材料加工为薄片而成。

1. 粉皮的种类

粉皮有干、鲜两种。鲜的即刻食用，方形或圆片状，柔软光亮，有一定的弹性。干品由湿品干燥而成。如干燥前先切成条状再经干制，则为粉条。

2. 粉皮的烹调

烹饪中粉皮和粉条常作为凉拌菜的原材料，也可与肉类、禽类、蛋类等制作适于早餐、夜宵中便于消化的小吃。

饵块

饵块是以大米为主要原材料，经过多道工艺加工而成的粮食制品。主要产于贵州、四川、云南等地，贵州习惯称之为“二块粑”。

1. 饵块的种类

多成长方、扁圆、椭圆形枕状，也有制成圆饼状的。选择时以洁白细腻、筋道滑润、清香软糯、经泡耐煮为佳。

2. 饵块的烹调

常用炒、煮、蒸、炸、烤等方法制作，配荤、素原材料均可。火腿炒饵块、红油饵块、肉炒饵块、鸡丝饵块，都是饵块菜肴的代表品种。

贵州兴义、凯里选取最好的粳米和糯米，经淘洗、浸泡、蒸两道熟透，入石礁舂至不见米粒，成型放凉后成为美食佳品，香而不腻，卖相十足。

蔬菜是人们日常必不可少的食物之一，指可以做成菜肴的植物，也包括少数可作副食品的木本植物的幼芽、嫩叶、食用菌类及藻类等。

项目3 贵州赤水竹笋鸡火锅

学火锅认材料

原料：农家乌鸡1只，赤水竹笋500克，香菇、盐适量，米酒少许

制作方法：

（1）鸡洗净切块，香菇泡软切大块，竹笋去皮切块备用。

（2）起油锅，将鸡肉爆炒一下，至表面熟即可。

（3）竹笋切段。

（4）烧水投入竹笋与炒好的鸡块，煮开后去除汤面的杂质，转小火焖煮20分钟左右。

（5）将处理好的竹笋投入熬好的竹笋鸡汤中，再煮5分钟，调味后即可食用。

"黑竹笋香鸡"是利用贵州赤水森林里特有的一种竹笋，与农家土乌鸡一起，用数十种中草药和调料共同烹调而成的菜肴。竹笋，是竹的幼芽，也称为笋。竹为多年生常绿草本植物，食用部分为初生、嫩肥、短壮的芽或鞭。竹笋采自赤水高山森林地带，采摘后利用传统烟熏方法熏制便成为通身黑色的黑竹笋了。竹笋味道奇佳，质嫩爽口，独具风味。乌鸡也是农民利用玉米喂食散养的，两者烹于一炉，加上贵州特有香料，不好吃才怪。食用时，先将黑竹笋与香鸡烹调好，一大盘端上桌来，撒上翠绿的香菜，两黑一绿，霎时生辉。点上火，边吃边煮，再烫点时蔬，香辣可口，让人难忘。

一、蔬菜概述

1. 蔬菜的分类

据不完全统计，我国栽培的蔬菜有一百多种，其中主要栽培的有四五十种。蔬菜的分类方法很多，如按植物学特性分类、食用部分分类、农业生物学分类、温度分类、光照分类、营养成分分类、食用方法分类等。

农业生物学分类是以蔬菜的农业生物学特性作为依据的分类方法。这种分类比较适合于生产上的要求。可分为以下几类：

（1）根菜类：指以膨大的肉质直根为食用部分的蔬菜，包括萝卜、胡萝卜、大头菜、芜菁、根用甜菜等。生长期中喜温和冷凉的气候。在生长的第一年形成肉质根，储藏大量的养分，到第二年抽薹开花结实。

一般在低温下通过春化阶段，长期日照下通过光照阶段，在松软深厚的土壤中用种子繁殖。

（2）白菜类：以柔嫩的叶丛、叶球、嫩茎、花球供食用，如白菜（大白菜、小白菜）、甘蓝类（结球甘蓝、球茎甘蓝、花椰菜、抱子甘蓝、青花菜）、芥菜类（榨菜、雪里蕻、结球芥菜）。生长期间需湿润和凉爽气候及充足的水肥条件。温度过高、气候干燥则生长不良。除采收菜薹及花球外，一般第一年形成叶丛或叶球，第二年抽薹开花结实。栽培上要避免先期抽薹。均用种子繁殖，直播或育苗移栽。

（3）绿叶蔬菜：以幼嫩的叶或嫩茎供食用，如莴苣、芹菜、菠菜、茼蒿、芫荽、苋菜、蕹菜、落葵等。其中多数属于二年生，如莴苣、芹菜、菠菜。也有一年生的，如苋菜、蕹菜。共同特点是生长期短，适于密植和间作、套作，要求极其充足的水分和氮肥。对温度的要求不同，又可将它们分为两类：菠菜、芹菜、茼蒿、芫荽等喜冷凉不耐炎热，生长适温 15~20℃，能耐短期霜冻，其中以菠菜耐寒力最强；苋菜、蕹菜、落葵等，喜温暖不耐寒，生长适温为 25℃左右。喜冷凉的主要在秋冬栽培，也可在早春栽培。

（4）葱蒜类：以鳞茎（叶鞘基部膨大）、假茎（叶鞘）、管状叶或带状叶供食用，如洋葱、大蒜、大葱、香葱、韭菜等。根系不发达，吸水吸肥能力差，要求肥沃湿润的土壤，一般耐寒。长光下形成鳞茎，低温通过春化。可用种子繁殖（洋葱、大葱、韭菜），也可无性繁殖（大蒜、分葱、韭菜）。以秋季及春季为主要栽培季节。

（5）茄果类：指以果实为食用部分的茄科蔬菜，包括番茄、辣椒、茄子。要求肥沃的土壤及较高的温度，不耐寒冷。对日照长短要求不严格，但开花期要求充足的光照。以种子繁殖，一般在冬前或早春利用扩地育苗，待气候温暖后定植于大田。

（6）瓜类：指以果实为食用部分的葫芦科蔬菜，包括南瓜、黄瓜、甜瓜、瓠瓜、冬瓜、丝瓜、苦瓜等。茎蔓性，雌雄同株而异花。依开花结果习性分，有以主蔓结果为主的西葫芦、早黄瓜；有以侧蔓结果早、结果多的甜瓜、瓠瓜；还有主侧蔓几乎能同时结果的冬瓜、丝瓜、苦瓜、西瓜。瓜类要求较高的温度及充足的阳光。西瓜、甜瓜、南瓜根系发达，耐旱性强。其他瓜类根系较弱，要求土壤湿润。生产上，利用摘心、整蔓等措施来调节营养生长与生殖生长的关系。以种子繁殖，直播或育苗移栽。春种夏收，有的采收可延长到秋季，还可夏种秋收。

（7）豆类：以嫩荚或豆粒供食用的豆科蔬菜，包括菜豆、豇豆、蚕豆、豌豆、扁豆、刀豆等。除了豌豆及蚕豆耐寒力较强能越冬外，其他都不耐霜冻，须在温暖季节栽培。豆类根瘤具有生物固氮作用，对氮肥的需求量没有叶菜类及根菜类多。以种子繁殖，也可育苗移栽。

（8）薯芋类：以地下块茎或块根供食用，包括茄科的马铃薯、天南星科的芋头、薯蓣科的山药、豆科的豆薯等。这些蔬菜富含淀粉，耐储藏，要求土壤疏松肥沃。除马铃薯生长期短不耐高温外，其他薯芋类生长期都较长，且耐热不耐冻。均用营养体繁殖。

（9）水生蔬菜类：指需要生长在沼泽地区的蔬菜，如藕、茭白、慈姑、荸荠、水芹、菱等。宜在池塘、湖泊或水田中栽培。生长期间喜炎热气候及肥沃土壤。除菱角、芡实以外，其他一般是无性繁殖。

（10）多年生蔬菜类：指一次种植后，可采收多年的蔬菜，如金针菜、石刁柏、百合等多年生草本蔬菜，及竹笋、香椿等多年生木本蔬菜。此类蔬菜根系发达、抗旱力强，对土壤要求不严格，一般采用无性繁殖，也可用种子繁殖。

（11）食用菌类：指能食用、无毒的蘑菇、草菇、香菇、金针菇、竹荪、猴头、木耳、银耳等。它们不含叶绿素，不能制造有机物质供自身生长，必须从其他生物或遗体、排泄物中吸取现存的养分。培养食用菌需要温暖、湿润肥沃的培养基。常用的培养基有牲畜粪尿、棉子壳、植物秸秆等。

2. 蔬菜在人类饮食中的重要意义

（1）蔬菜是多种维生素如抗坏血酸、胡萝卜素和核黄素的重要来源。

（2）蔬菜中含有丰富的无机盐，如钙、铁、钾等，对维持体内的酸碱平衡十分重要。

（3）蔬菜中所含的纤维素、果胶质等物质具有一定的生理学意义。

（4）蔬菜中含有大量的酶和有机酸，可促进消化，如萝卜中含有丰富的淀粉酶。

（5）某些蔬菜还具有一定的生理学或药理学作用，如大蒜中含有的蒜素具较强的杀菌力，苦瓜有明显的降血糖作用，洋葱可明显地降低胆固醇。

3. 蔬菜在烹饪中的作用

（1）作为主料，单独成菜。如酸汤白菜（使用凯里酸汤制作）、鱼香茄子、麻酱笋尖、蒜泥黄瓜等。

（2）含淀粉多的蔬菜，可用于主食、小吃的制作。如南瓜、山药、芋头等。

（3）作为配料，与动物性原材料、粮食类原材料等共同制作菜点、汤品等。如干贝秧白、回锅肉、青豆火腿、八宝酿藕、鸡蒙葵菜等。

（4）作为调味料，具有去腥、除异、增香的作用。如生姜、葱、大蒜、芫荽、韭菜等。

（5）作为雕刻、装饰原材料，用于菜点的美化。如萝卜、南瓜、芋头、马铃薯、黄瓜、白菜等。

（6）用于盐渍、糖渍、发酵、干制等加工，延长食用期，改善原材料的口感或风味。如咸菜、糖腌冬瓜条、泡菜、腌雪里蕻、玉兰片等。

知识链接

蔬菜是三餐不可或缺、消费量最大的农产品。随着城市化进程加快和人民生活水平的不断提高，蔬菜产业进入了以质取胜和成本竞争的时代。顺应时代的需求，以特色鲜明、生态环保为核心竞争力的贵州蔬菜异军突起。2011 年，全省蔬菜种植面积近 9400 千米 ^{2}，产量 1846.3 万吨，蔬菜种植产值 304.1 亿元，销售额 224.6 亿元，全省农民人均蔬菜销售收入 633 元。以“黔山”等品牌为代表的时鲜蔬菜远销国内 20 余个省市区，出口欧盟、东南亚、港澳等地区。以“老干妈”等品牌为代表的蔬菜加工制品销往全国各主要城市，出口 40 多个国家和地区。

贵州拥有“空调气候、公园环境、矿泉水质、西南枢纽”的美誉，作为全国蔬菜优势区，具有大范围、大规模生产无公害蔬菜、绿色食品蔬菜和有机蔬菜的产销优势，除 12 月、1 月和 2 月喜温蔬菜生产量较少外，各类蔬菜都能露地或辅以简易设施大规模周年生产上市。结合优越的自然气候和生态条件，贵州采用低成本、高品质的生产路线，广泛吸收国内外经验，实施后发赶超的外向型发展战略，通过市场拉动、开放带动、非均衡推动，走上了“区域化布局、规模化生产、产业化经营、社会化服务，差异化发展”的道路。

二、贵州特色蔬菜品种

折耳根

折耳根，即鱼腥草，在分类学上属双子叶植物三白草科蕺菜属，是一种具有腥味的草本植物。产于我国长江流域以南各省，可入药。

主要价值：折耳根味辛，性寒凉，能清热解毒、消肿疗疮、利尿除湿、健胃消食，用于治疗实热、热毒、湿邪、疾热为患的肺痈、疮疡肿毒、痔疮便血、脾胃积热等。现代药理实验表明，本品具有抗菌、抗病毒、提高机体免疫力、利尿等作用。

食用方法：折耳根可凉拌食用，是夏季餐桌上的佳品。冬春替时，其刚吐嫩芽，味道最佳。性寒，不宜多食。

镇远陈年道菜(青菜）

陈年道菜分长、细两种，相传最初由贵州镇远县青龙洞中的道士所创，故称“道菜”。每逢春季，镇远劳动人民有腌制长盐菜、干盐菜、寸寸盐菜的习惯，陈年道菜就是在这个基础上发展演变而来的。昔日镇远寺庵颇多，尼姑因长年素食，成为陈年道菜的发展者。她们用心专一，所制作的陈年道菜质量格外高。

（1）长道菜：须选用头大、叶长的特等好青菜。一般每 15 千克鲜菜可制成 1 千克长道菜。

（2）细道菜：用一般青菜制成，每 14 千克鲜菜可制成 1 千克细道菜。

道菜素食、荤食均可，蒸扣肉可久放不馊。蒸时把肥瘦肉置碗底，将陈年道菜放肉上，若在道菜上再加些姜葱蒜屑，其味更佳。每千克肉放道菜 100 克(长道菜则须切细),不要加盐和酱油,蒸熟后肉变红,喷香,咸味适度，食之，肥的不腻，瘦的可口，汤用的(鸡蛋汤、番茄汤)亦有特殊风味。也可作为煎炒菜肴的佐料，其味亦美。当年道菜(当年生产当年食用的)虽有芳香味，但芳香味差，不化渣，一般只用于蒸扣肉。

竹荪

竹荪，又名竹参，是寄生在枯竹根部的一种隐花菌类，形状略似网状干白蛇皮。它有深绿色的菌帽，雪白色的圆柱状的菌柄，粉红色的蛋形菌托，在菌柄顶端有一围细致洁白的网状裙从菌盖向下铺开，被人们称为“雪裙仙子”“山珍之花”“真菌之花”“菌中皇后”。竹荪营养丰富，香味浓郁，滋味鲜美，自古就被列为“草八珍”之一。生长在云南、贵州、四川等地湿热的竹子根部的竹荪形态优美、营养丰富、脆嫩爽口。竹荪含有人体所必需的18种氨基酸以及多种维生素,古为贡品。1972年,周恩来总理曾以“竹荪芙蓉汤”款待美国特使基辛格，竹荪因此驰名世界。

三、蔬菜制品

蔬菜制品是以蔬菜为原材料经一定的加工处理而得到的制品。

1. 加工原理及目的

在蔬菜制品加工过程中破坏蔬菜自身的酶，消灭或抑制污染蔬菜的微生物生长、防止外界微生物侵染，从而达到保持蔬菜品质、改善蔬菜风味、延长蔬菜食用时间的目的。蔬菜制品便于携带、运输。

2. 蔬菜制品的分类

按照加工方法不同，蔬菜制品被分为酱腌菜、干菜、速冻菜、蔬菜蜜饯、蔬菜罐头以及菜汁(酱、泥)等。

酱腌菜

酱腌菜是以食盐及（或）酱、酱油、糖、醋等调味料腌渍成的蔬菜制品。其加工原理是利用食盐产生的高渗透作用、微生物的发酵作用、蛋白质的水解作用以及其他生化作用，使产品达到长期保存的目的，同时产生特殊的色香味和脆嫩感。

按照生产工艺及质量特点，可将酱腌菜分为酱菜、咸菜两大类。

酱腌菜除生食佐餐外，也用于烹饪制作中，还可配肉炒食、蒸食，如雪菜山鸡片、咸烧白、酱瓜鸡丝、玫瑰大头菜炒肉丝；或用作汤菜，汤味鲜香，如榨菜肉丝汤。

干菜类

干菜是经人工方法或自然方法脱去水分的蔬菜制品。蔬菜干制的基本原理是用降低蔬菜水分的方法抑制微生物的活动和酶的活性，从而达到长期保存的目的。蔬菜经干制后，体积缩小，重量减轻，便于储藏、携带和运输。

干制的方法一般有自然干制和人工干制两类。以冷冻、真空、微波等新型人工干制方法制成的干菜复水后，其质地、风味、口感及营养成分的含量等接近新鲜蔬菜。

在食用干菜前，均须用清水浸发，用温水可加快浸发速度。烹饪中，干菜可烧、烩、炖、煮后凉拌以及作汤菜。一般不适于快速烹调。

根据加工对象不同，可将干菜分为一般蔬菜类干菜、笋类干菜、菌类干菜、藻类干菜和蕨类干菜五大类。

速冻菜

速冻菜是指采用制冷机械设备于 -18℃的低温环境下迅速冻结的蔬菜。通过速冻，可抑制微生物的活动和酶的活性，从而阻止蔬菜品质和风味变化及营养成分流失。大多数蔬菜都可以制作成速冻菜，尤其是含水量低、含淀粉量高的菜，其速冻效果更好。食用前一般须先作解冻处理，再进行烹调。解冻过程以快为好，可在电冰箱冷藏室中、冷水中或温水中进行，用微波炉快速解冻更好，也可直接投入热锅中煮制。常见的速冻蔬菜如胡萝卜、荸荠、芋头、嫩玉米、四季豆、青豆、嫩蚕豆、冬笋等系列产品。

一、果品概览

1. 果品的概念

（1）概念：果品是指多汁且有甜味的植物果实，是对部分可以食用的植物果实和种子的统称。它不但含有丰富的营养，而且能够帮助消化。

（2）果品的分类：可分为新鲜水果、干制果品和果品制品。

2. 果品的烹饪运用

（1）可作为菜肴的主料，多用于甜菜的制作，如火焰香蕉、水果沙拉等。

（2）可作为菜肴的配料，配家畜、家禽、水产品，或配蔬菜、粮食制品等，如板栗烧鸭、腰果西芹、菠萝咕咾肉等。

（3）作为菜肴的点缀、围边、装饰用料，如樱桃、橙子、小番茄等。

（4）作为面点制品的馅心用料或点缀品，如五仁月饼、红枣发糕等。

（5）作为食物雕刻的重要原材料，如西瓜、橙子、苹果等。

（6）常用于药膳及保健粥品的制作，如红枣莲子粥、芦荟西瓜盅等。

二、鲜果

鲜果就是新鲜的水果，美味、富有营养，为身体补充维生素，为身体的代谢增添活力。

1. 鲜果的特点

（1）含有大量的水分、碳水化合物、维生素、矿物质，其蛋白质、脂肪的含量相对较低。鲜果中含有丰富的有机酸、芳香油、天然色素，具有帮助人类增进食欲、促进消化等作用。

（2）鲜果尤其是未成熟的果实中单宁物质含量较多，由于单宁物质遇铁会变黑，或经酶促氧化发生褐变，使某些水果的感官特征受到影响。有些水果不可一次性食用过多，如一次大量食用荔枝或短时间内连续食用荔枝，会引发低血糖症。

2. 鲜果的烹饪运用特点

烹饪中，由于鲜果多具有口味甜酸、口感多样的特点，较适于制作甜菜或酸甜、咸甜味型的菜肴，如拔丝香蕉、拔丝苹果、凤梨炒饭等。由于鲜果中含有大量的水分、丰富的维生素 C，高温加热易使营养流失，所以宜采用快速加热的方法，以减少维生素的损失。水果分寒、凉、温、热四种，不同体质的人要选择性地食用。

火龙果

贵州罗甸县从 2008 年起，在龙坪镇新民村连片种植火龙果 67 万米^2，

截至 2014 年 8 月，火龙果种植面积达 320 万米^2，亩产量 800~ 1300 千克，实现产值 2.4 万元以上。由于具有低脂肪、高食用纤维素、高磷脂、低热量等特点，火龙果受到越来越多顾客的喜爱。

罗甸气候温和，雨量充沛，属典型的南亚热带季风湿润气候，具有春早、夏长、秋迟、冬短的气候特点，年均气温在 19.6℃左右，无霜期达 335 天，年降雨量 1100~1400 毫米，素有贵州“西双版纳”和“天然温室”之美誉，加上地域辽阔，土壤质地好，是多种果树的理想生长之地，现已成为贵州省水果的主产区之一，其中，火龙果以其优良的品质、细腻的口感、独特的风味深受广大消费者青睐，闻名遐迩。目前，全县火龙果种植面积已达 20 千米^2，成为贵州省最大的火龙果生产基地，且成为罗甸农民增收致富的支柱性产业。

苹果

苹果为世界四大水果（苹果、葡萄、柑橘和香蕉）之冠，通常为红色，不过也有黄色和绿色。苹果是双子叶植物，花淡红或淡紫红色，大多自花不育，须异花授粉，果实由子房和花托发育而成。果肉清脆香甜，能帮助消化。苹果在中国已经有两千多年的栽培历史，相传夏禹所吃的“紫柰”,就是红苹果。苹果是低热量食物,每 100 克只产生 60 千卡热量。

苹果中营养成分可溶性大，易被人体吸收，故有“活水”之称，有利于溶解硫元素，使皮肤润滑柔嫩。苹果中还有铜、碘、锰、锌、钾等元素，人体如缺乏这些元素，皮肤就会干燥、易裂、奇痒。

苹果中的维生素C是心血管的保护神。其性味甘酸而平、微咸，无毒，具有生津止渴、益脾止泻、和胃降逆的功效。吃较多苹果的人远比不吃或少吃苹果的人感冒的几率要低。所以，有科学家和医师把苹果称为“全方位的健康水果”，或称为“全科医生”。

中医认为，苹果具有生津止渴、润肺除烦、健脾益胃、养心益气、润肠、止泻、解暑、醒酒等功效。

梨

梨为蔷薇科植物，有白梨、沙梨、秋子梨、西洋梨等品种，多分布在华北、东北、西北及长江流域各省。8~9月间果实成熟时采收，鲜用或切片晒干，也可和冰糖一起泡水。主要品种有秋子梨、白梨、沙梨、洋梨、酥梨五种。梨含有大量蛋白质、脂肪、钙、磷、铁和葡萄糖、果糖、苹果酸、胡萝卜素及多种维生素，是治疗疾病的良药。民间常用冰糖蒸梨治疗喘咳，“梨膏糖”更是闻名中外。梨还有降血压、清热镇凉的作用，所以高血压及心脏病患者食梨大有益处。梨皮和梨叶、花、根均可入药，有润肺、消痰、清热、解毒等功效。梨所含的苷及鞣酸等成分，能祛痰止咳，对咽喉有养护作用。梨中的果胶含量很高，有助于消化、通便。煮熟的梨有助于肾脏排泄尿酸，预防痛风、风湿病、关节炎。

桃

桃是一种果实作为水果的落叶小乔木，花可以观赏，果实多汁，可以生食或制桃脯、罐头等，核仁也可以食用。其果肉有白色和黄色，素有“寿桃”和“仙桃”的美称，因其肉质鲜美，又被称为“天下第一果”。桃肉含蛋白质、脂肪、碳水化合物、粗纤维、钙、磷、铁、胡萝卜素、维生素 B_1 以及有机酸（主要是苹果酸和柠檬酸）、糖分（主要是葡萄糖、果糖、蔗糖、木糖）和挥发油。桃子适宜低血钾和缺铁性贫血患者食用。

桃肉味甘酸、性温，具有养阴、生津、润燥活血的功效。主治夏日口渴、便秘、痛经、虚劳喘咳、疝气疼痛、遗精、盗汗等症。

桃树干上分泌的胶质，俗称桃胶，可用作黏接剂等。

李子

李子是蔷薇科植物李树的果实，别名嘉应子、玉皇李、山李子，7~8月间成熟。它饱满圆润，玲珑剔透，形态美艳，口味甘甜，是人们最喜欢的水果之一。世界各地广泛栽培。

“火花冰脆李”是贵州省紫云县有名的特产，出自紫云苗族布依族自治县火花乡。其地处低热河谷地带，最高海拔850米，最低海拔650米，年均温度17.9℃，年日照1400小时，年降雨量1300毫米左右，全年无霜期320天以上。因岩熔地貌发育不完全，地面切割较深，形成狭谷长带，素有“天然温室”之美称。该种气候条件下，出产的李子质量好、颜色鲜艳，其中，“火花冰脆李”以其色泽金黄、皮薄肉脆、清爽甘甜在省内外享有很高声誉，深受广大消费者的喜爱。“火花冰脆李”粒粒饱满圆润，色泽金黄，玲珑剔透。它营养丰富，富含糖、蛋白质、脂肪、碳水化合物及多种维生素，是夏季消暑解渴的上乘佳品。李子味酸，能促进胃酸和胃消化酶的分泌，并能促进胃肠蠕动，因而有改善食欲、促进消化的作用，尤其对胃酸缺乏、食后饱胀、大便秘结者十分有效。李子中含有多种营养成分，有养颜美容、润滑肌肤的作用，李子中抗氧化剂含量高得惊人，堪称是抗衰老、防疾病的“超级水果”。

葡萄

葡萄粒大、皮厚、汁少、质优、皮肉难分离、耐储。

食用价值：葡萄的用途很广，除生食外，还可以制干、酿酒、制汁、酿醋、制罐头与果酱等。作烹饪原材料使用时，要求粒大、肉脆、无核。葡萄干是点心的辅料。多食易生内热，或致腹泻。葡萄酒是用新鲜的葡萄或葡萄汁经发酵酿成的酒精饮料，通常分红葡萄酒和白葡萄酒两种，前者是红葡萄带皮浸渍发酵而成，后者是葡萄汁发酵而成。

营养价值：葡萄中的糖主要是葡萄糖，能很快被人体吸收。当人体出现低血糖时，若及时饮用葡萄汁，可很快使症状缓解。法国科学家研究发现，葡萄能比阿司匹林更好地阻止血栓形成，并且能降低人体血清总胆固醇水平，降低血小板的凝聚力，对预防心脑血管病有一定作用。葡萄中含的类黄酮是一种强力抗氧化剂，可抗衰老，并可清除体内自由基。葡萄中含有一种抗癌微量元素（白藜芦醇），可以防止健康细胞癌变，阻止癌细胞扩散。葡萄汁可以帮助器官移植手术患者减少排异反应，促进早日康复。

猕猴桃

猕猴桃风味独特，维生素 C 含量甚丰，含多种维生素及脂肪、蛋白质、氨基酸和钙、磷、铁、镁、果胶等，适宜食欲缺乏、消化不良者及在航空、航海、高原、矿井等工作的特种工作人员和老弱病人食用。情绪不佳、常吃烧烤类食物的人也宜食用猕猴桃。

西瓜

西瓜是一种双子叶开花植物，食用部分为发达的胎座。果实外皮光滑，呈绿色或黄色，果瓤多汁为红色或黄色，黄色较为罕见。西瓜性寒、味甘，具有清热解暑、生津止渴、利尿除烦的功效。

西瓜堪称“盛夏之王”，清爽解渴，味甘多汁，是盛夏佳果。西瓜除不含脂肪和胆固醇外，含有大量葡萄糖、苹果酸、果糖、精氨酸、番茄素及丰富的维生素 C 等物质，是一种富有很高营养的安全食品。瓤肉含糖量一般为 5%~12%，包括葡萄糖、果糖和蔗糖。甜度随成熟后期蔗糖的增加而增加。

西瓜对治疗肾炎及膀胱炎等疾病有辅助疗效。果皮可制蜜饯、果酱。种子含油量达 50%，可榨油、炒食或作糕点配料。

《本草纲目》记载：西瓜又名寒瓜。皮甘、凉、无毒。主治口舌生疮。将西瓜皮烧后，研末，放入口内含噙，治内挫腰痛。食瓜过多，人感不适，用瓜皮煎服汤饮即可缓解不适。瓜藤还能解酒。

草莓

草莓又称红莓、洋莓、地莓等，是一种红色的花果。草莓是对蔷薇科草莓属植物的通称，属多年生草本植物。草莓的外观呈心形，鲜美红嫩，果肉多汁，含有特殊的浓郁水果芳香。草莓营养价值高，含丰富的维生素 C，有帮助消化的功效。草莓还可以巩固齿龈，清新口气，润泽喉部。春季人的肝火往往比较旺盛，吃点草莓可以起到抑制作用。饭后吃草莓效果更佳，因为其含有大量果胶及纤维素，可促进胃肠蠕动，帮助消化，改善便秘，预防痔疮、肠癌。

刺梨

贵州刺梨产自贵州西部野生资源地，它属蔷薇科，是植物缫丝花的果实。果表布满肉刺，青中透黄；果实形圆饱满，梨香浓郁，口感柔滑，酸甜适中。因果实外表布满肉刺，“刺梨”一名也就随之得称。其果实在各类梨果品种中属药用价值最高的。刺梨每百克果肉中含维生素高达 2000 毫克，因此，“维 C 之王”美誉又被其收入囊中。

三、干果

干果是指果实成熟后，果皮呈干燥状态的果实或者指加工后的果实，分为裂果和闭果两类。干果有些可直接食用，但常进行熟制，如炒、焙等。熟制后香气浓郁，口感酥脆，各具独特的风味。

1. 干果的营养特点

干果含有丰富的蛋白质、脂肪、碳水化合物，所含营养与鲜果几乎相等。此外，干果还含有糖类、矿物质和维生素，有较高的营养价值和滋补作用。

2. 干果的烹饪运用特点

干果大多是食疗佳品，适于多种味型。常见制成煎炸、焙烤食品。既可单独成菜，亦可作配料，并且是面点馅心的常用原材料。但干果油脂较多，高血糖患者慎食。

核桃

核桃又称胡桃、羌桃，与扁桃、腰果、榛子并称为世界著名的“四大干果”。果仁可以吃，可以榨油，也可以入药。既可以生食、炒食，也可以榨油、配制糕点、糖果等，且营养价值很高，被誉为“万岁子”“长寿果”等。除食用外，核桃也是时下流行的收藏品。

食疗价值：味甘，性温。入肺、肝、肾三经，能补肾助阳，补肺敛肺，润肠通便。含丰富的脂肪油、蛋白质、钙、磷、铁、胡萝卜素、维生素 B_1、维生素 B_2、糖类、烟酸等成分。

用法：生食，或熟食，煎汤，作丸等。

注意：多食会引起腹泻。痰火喘咳、阴虚火旺、便溏腹泻的病人不宜食用。

板栗

板栗，又名栗，是壳斗科栗属的植物。原产于中国，分布于越南、中国台湾以及中国大陆，生长于海拔 370~2800 米的地区，多见于山地，已由人工广泛栽培。

营养价值：板栗属于坚果类，但它不像核桃、榛子、杏仁等坚果那样富含油脂。它的淀粉含量很高，其中，碳水化合物有 40% 由淀粉组成，淀粉含量是马铃薯的 2 倍。新鲜板栗富含维生素 C 和钾，煮好的板栗富含钾，也含有维生素 C、铜、镁、叶酸、维生素 B_6 维生素 B_1、铁和磷。

花生

花生，原名落花生，含有蛋白质、脂肪、糖类、维生素 A、维生素 B_6、维生素 E、维生素 K，以及矿物质钙、磷、铁等营养成分。可提供 8 种人体所需的氨基酸及不饱和脂肪酸，含卵磷脂、胆碱、胡萝卜素、粗纤维等有利于人体健康的物质，它的营养价值绝不低于牛奶、鸡蛋或瘦肉。多食可促进脑细胞发育，增强记忆。

四、果品制品

1. 果品制品的分类

果品制品分为果干、果脯、果汁、果品罐头、果酒和果醋六类。

2. 果品制品的烹饪运用

（1）可作为甜菜的配料。

（2）可作为糕点和菜肴的馅料。

（3）可作为装饰料和配色料。

果脯

1. 果脯的概念

果脯是用新鲜水果经过去皮、取核、糖水煮制、浸泡、烘干等工序制成的食品。

2. 果脯的特点

果身干爽、保持原色、质地透明。

3. 果脯的分类

果脯按其产品形态和风味，可以分为密饯和糖衣果脯两大类。

干态蜜饯：是将鲜果经糖液浸煮后干燥制成。表面较干燥，一般呈半透明状，不黏手，基本保持鲜果原来的色泽。如北京、河北产的苹果脯、杏脯、桃脯、梨脯、青梅脯、金丝蜜枣，贵州特产刺梨干等。

糖衣果脯：是将鲜果用糖液浸煮后冷却而成。表面挂有细小的砂糖结晶，质地脆爽。如浙江、江苏、福建、广东、四川等地生产的橘饼、糖冬瓜、糖藕片、糖姜片、青红丝等。

蜜饯

蜜饯是指用果蔬菜作原材料，用糖或蜂密浸煮后，加工而成的半干性制品。

蜜饯的特点是果形丰润、甜香俱浓、风味多样。

蜜饯按其性状特点可分为糖渍类、返砂类、凉果类、话化类、果丹类等。

果干

（1）果干的概念：是以鲜果为原材料日晒或烘干而成的制品。

（2）果干的特点：营养丰富，风味独特，口感柔韧，嚼劲十足。

（3）果干的烹饪运用：除可直接食用外，还常用作面食的馅心、酒会的果盘，或制成营养粥品供食用。

（4）具体品种：红枣、葡萄干、桂圆干和弥猴桃干等。

果酱

（1）果酱的概念：是用新鲜水果和砂糖等熬制而成的有透明果泥的凝胶物质。

（2）果酱的特点：质地细腻，酸甜适口。

（3）果酱的烹饪运用：可作为中西式面点的夹馅或馅心；可作为馒头、面包的涂抹食品；可作为炸制品的蘸料；可作为甜菜或甜酸菜式的淋汁。

单元2

动物性烹饪原材料

动物性原材料是指可被人们作为烹饪原材料应用的一切动物性原材料及其制品的总称，主要有家畜、家禽及水产品，如畜类、禽类、蛋类、奶类，鱼类、虾类、贝类、蟹类、鳖类等。它是人体高质量蛋白质的主要来源，消化率高，饱腹作用强。

畜类原材料是中餐最常见的烹饪原料之一。它是经过人们驯养、培育、自然保护，加上历代厨师的辛勤总结、筛选，成为了一个庞大的原料分支，在烹饪中占有非常重要的地位。

项目 4 从江香猪红汤火锅

从江香猪是我国珍贵的微型地方猪种，仅产于贵州省从江县月亮山区。1980 年被列为中国八大地方猪种之一。从江香猪以体形矮小、肉质香嫩、富含微量元素、纯净无污染等特点而著称，并具有适应性好、抗病力强、饲养管理粗放等优点。小香猪是微型猪种，瘦肉厚、纤维细、脂肪颗粒小、香味浓郁、早熟易繁，极少有体重超过 30 千克的，全世界唯我国独有。

香猪与其他猪种不同，它是在特定自然环境和农牧业水平较低的环境中，经过长期近亲交配繁殖选育而成的。外观特点是短、圆、肥，毛有光泽，头长额平，额部皱纹纵横，耳朵小、薄且向两侧平伸，耳根硬，背腰微凹，腹大而圆，四肢细短，尾巴细长似鼠尾。品种较纯的香猪眉心有明显白斑，黑色部分仅在头部和尾部，背部无黑斑。猪鼻子为粉红色，是从江香猪最典型的特征之一。

学火锅认材料

原材料：从江香猪肉、冻豆腐适量，菜籽油/色拉油 5千克、牛油 6.5千克、糍粑辣椒 5千克、豆瓣 2千克、豆腐乳 1瓶、白酒 1瓶、冰糖 0.25千克、红花椒 1千克、姜 1千克、蒜 0.5千克、大葱 1千克、洋葱 1.5千克。

调料：丁香 20克、八角 250克、草果 250克、山萘 100克、香果 100克、小茴香 200克、砂仁 200克、白蔻 150克、荜拨 100克、香草 200克、灵草 100克、排草 200克、桂皮 150克、老蔻 50克、白芷 30克、香条 30克、红蔻 30克。

制作过程：菠菜、金针菇、香菜、黑木耳洗净待用，从江香猪肉、冻豆腐切片。将底油炒香后放入汤和调料烧开后小火炖，放入肉片煮食即可。

作为最重要的畜类原材料，包括从江香猪在内的猪肉及其他家畜原材料被广泛运用到人们的餐桌上。

一、肉类知识

1. 肉的概念

（1）广义的概念：肉在食品学中一般指动物躯体中可供食用的

部分。

（2）狭义的概念：在肉类工业中，肉往往是指经屠宰后去皮（大牲畜）、毛、头、蹄及内脏后的动物胴体。

肉的组织中包括肌肉、脂肪、骨骼、韧带、血管、淋巴等组织，以肌肉组织和结缔组织为主。肉的质量高低主要以肌肉组织的含量多少为主要标准的。

2. 肉的物理性状

颜色

肉的颜色主要来源于肌肉组织和脂肪组织的颜色。肌肉组织呈现红色是因含有肌红蛋白和血红蛋白的缘故。一般肌红蛋白的含量比较稳定，血红蛋白的含量随牲畜屠宰时的放血情况不同而有较大的变化，但肉的固有红色是由肌红蛋白的色泽所决定的。

影响肌红蛋白色泽的因素：

（1）与空气中的氧有关。

（2）与肌肉的活动量有关。

（3）与动物的种类、年龄有关。

嫩度与持水性

肉的嫩度与肉的韧性是一对相互依存的矛盾体。肉的韧性是指肉在咀嚼时具有的高度持续性的抵抗力；肉的嫩度是对肉的碎裂程度的感受强度。通常，嫩度高的肉韧性小，而韧性强的肉嫩度低。

影响肉的嫩度的因素：

（1）肉中肌纤维的粗细与动物的个体、年龄、使役情况和种类有直接关系。

（2）肌肉中的结缔组织含量越多的部位，肉质嫩度越低、越差。

（3）热加工对肉的嫩度有直接影响。

肉的持水性是指给肉施加任何力量（如压榨、加热、磨绞）时能牢固地保持其自身水分或加入水分的能力。

风味

不同的动物性原材料风味各异、各具特色，其区别主要在于肉中所含的挥发性脂肪酸成分不同。生肉的味道通常是清淡的，或带有动物所特有的腥膻味，加工熟制后能够产生诱人的香气。

二、畜类原材料的主要种类及烹饪运用

猪肉

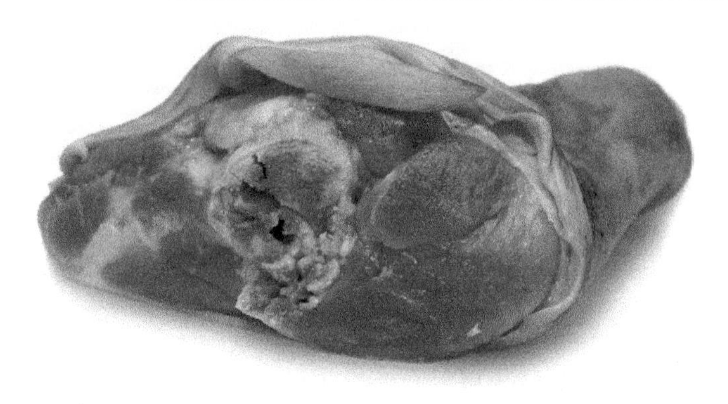

1. 品种特点

按商品用途不同，可将猪肉分成三大类：脂肪型猪，其瘦肉率低于40%，肥膘厚度高于4.5厘米；肉脂兼用型猪，其瘦肉率在40%~60%之间，肥膘厚度在3.5~4.5厘米之间；瘦肉型猪，其瘦肉率高于60%，肥膘厚度低于3.5厘米。

2. 肉质特点

猪肉肌肉纤维细而柔软，肉质细嫩，肉色较淡；瘦肉含蛋白质约20%，并富含B族维生素；结缔组织少而柔软；脂肪组织蓄积多，肥膘厚，肌间脂肪较其他畜肉多，脂肪熔点较低，风味良好，且易消化吸收；无腥膻味，持水率较高。猪肉适用的烹调范围广，而且烹调后滋味较好，质地细嫩，气味醇香。猪肉味甘咸性平，具有滋阴润燥的功能。

3. 烹饪运用特点

猪肉是菜肴主料的常用原材料，可与任何原材料搭配成菜。其刀工形式多样，烹调方法多样，可制作众多菜肴、小吃和主食。但由于各部分的肉质有差异，所以具体操作时必须根据肉的特点选择相应的烹调方法，才能达到理想的成菜效果。

牛肉

1. 品种及肉质特点

按用途不同，可将牛肉分为役用牛、肉用牛、乳用牛及兼用型牛；按种类不同，可将牛肉分为黄牛、水牛、牦牛和奶牛等。

从品种上看，黄牛、奶牛的肉质优于牦牛，牦牛优于水牛；从用途上看，肉用牛优于乳用牛，乳用牛优于役用牛。

2. 烹饪运用特点

牛肉结缔组织多而坚硬，肌肉纤维粗而长，一经加热烹调，蛋白质变形收缩，失水严重，老韧不化渣，不易烧烂，有一定的膻味。由于牛肉肌肉组织比例大，蛋白质含量高，营养丰富，有特殊的香味，仍然不失为良好的肉用原材料。如干煸牛肉丝、红烧牛肉、蚝油牛肉、水煮牛肉、灯影牛肉等菜肴就是非常有特色的。

烹饪中牛肉常作菜肴的主料，也是有特色的配料，川菜名菜“麻婆豆腐”特色的形成就依赖于牛肉的酥韧。此外，牛肉还可作为馅心、面码的用料。

3. 烹调牛肉注意事项

（1）对肌纤维粗糙而紧密、结缔组织多、肉质老韧的牛肉，多采用长时间加热方法，如炖、煮、焖、烧、卤、酱等，且多与根菜类蔬菜原材料相配。

（2）牛的背腰部和臀部上的净瘦肉，因结缔组织少、肉质细嫩，可以切成丝、片，以快速烹调的方法成菜，如炒、爆、熘、拌、煸、炸收等，且多配以叶菜类蔬菜。

（3）为尽量去除牛肉的膻臊味，常在烹调时加入少量香辛原材料、香味蔬菜及淡味蔬菜，从而抑制、减弱、吸收膻味。

（4）牛肉含水量高、结缔组织多，加热后体积收缩较大，所以应根据菜肴要求予以切配，要切配恰当，避免造成主料、配料的大小比例失调。

（5）由于牛肉肉质总的来说较为粗老，除注意选用烹调方法外，还应在烹调前对牛肉进行嫩化处理，保证菜肴的质量。通过加嫩肉剂、加碱拌和、加植物油等方法，都可起到嫩肉的作用。

羊肉

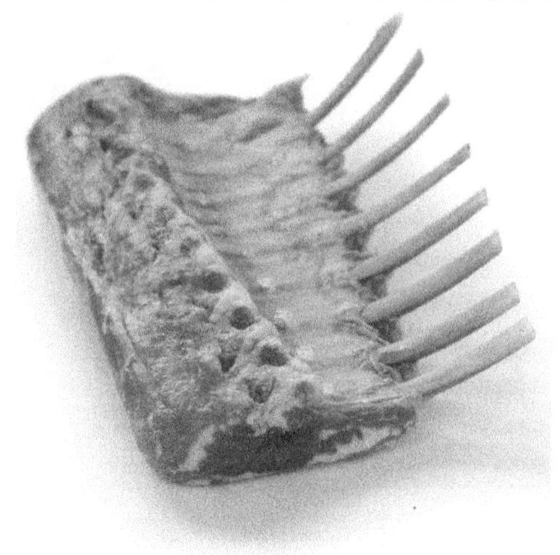

1. 肉质特点

主要有绵羊和山羊两种类群。

经过育肥的绵羊，有适当的肌间脂肪，呈纯白色，质坚脆于，膻味轻，品质优良。山羊则膻味较重，品质不及绵羊。人们将阉割后的羊称“羯羊”，其肉质肥美，优于一般的绵羊和山羊。

2. 烹饪运用特点

在烹调运用时，羊的后腿肉和背脊肉是用途最广泛的部位，适于炸、烤、炮、炒和涮等，可制作出炸五香羊肉片、烤羊肉串、大葱炮羊肉、酱炮羊肉、羊方藏鱼的名肴，成菜细嫩；羊的前腿、肋条、胸脯肉质较次，适于烧、焖、扒、炖、卤等，如红烧羊肉、扒茄汁羊肉条、酱五香羊肉，成菜熟软。由于羊肉膻味重，烹调中更注重对香辛料的使用，也常用洋葱、胡萝卜、萝卜、西红柿、香菜等合烹去膻，还可焯水或加酸加碱处理去膻。

家兔

1. 品种及肉质特点

兔的品种很多，用于烹饪的主要是肉用兔和皮肉兼用兔。兔瘦肉比例高，微带草腥气味，肌肉色浅呈粉红色，肉质柔软，风味清淡，在烹制加工过程中，极易被调味料或其他鲜美原材料赋味，又称“百味肉”。

2. 烹饪运用特点

生长期在 1 年以内的兔，肉质细腻柔嫩，多用于制作煎、炸收、拌、炒、蒸类的菜肴；生长期1年以上的兔肉质较老，多用于制作烧、焖、卤、炖和煮制的菜肴。用兔肉整体制作的菜肴有缠丝兔、红板兔等；以切块制作的有粉蒸兔肉、黄焖兔肉等；以丝、片、丁成菜的有鲜熘兔丝、茄汁兔丁、花生仁拌兔丁、小煎兔等。

【鲜椒兔火锅】

主料：鲜兔500克

辅料：黄豆芽250克、香菇100克、青红美人椒各30克、香菜少许

调料：泡姜丝100克，豆瓣50克，泡椒末100克，姜米50克，蒜米50克，葱花50克，鸡精10克，味精8克，盐、香油、花椒油、水淀粉、白糖各少许，蛋清两个，红油500克，高汤300克

制作过程：

（1）将兔肉切成4厘米见方的小块，入开水锅中略焯，取出，用清水洗净。

（2）锅置火上，放入兔肉，加清水1500克，放入葱段、姜片，烧沸后撇去浮沫，加入料酒，放入高汤和调料，焖烧至兔肉熟。

（3）揭锅后加盐、味精。每人配蘸水1碟。

马肉

1. 营养

马肉含有丰富的蛋白质、维生素及钙、磷、铁、镁、锌、硒等矿物质，具有恢复肝脏机能、防止贫血、促进血液循环、预防动脉硬化、增强人体免疫力的效果；其脂肪的质量优于牛、羊、猪的脂肪，马肉脂肪近似于植物油，其含有的不饱和脂肪酸可溶解掉胆固醇，使其不能在血管壁上沉积，对预防动脉硬化有特殊作用。

2. 马肉的制作

（1）严寒的冬夜里，食用马肉火锅可使身体暖和。食用时，加入纤维质含量颇多的蘑菇、牛蒡及具有独特香味的茼蒿等，并用加入姜汁的味噌来调味，可去除马肉的腥味。

（2）马肉宜以清水漂洗干净，除尽血水后煮熟食用，不宜炒食。

狗肉

狗肉，又叫“香肉”或“地羊”，在粤语地区也叫“三六香肉”，因为三加六等于九，“九”和“狗”在粤语中同音，因而得名。狗肉不仅蛋白质含量高，而且蛋白质质量极佳，尤其是球蛋白比例大，对增强机体抗病力和细胞活力有明显作用。食用狗肉可促进血液循环，增强抗寒能力。

【花江狗肉火锅】

原料：肥嫩狗一只。

调料：生姜、狗苦胆、砂仁、花椒粉、胡椒粉、鱼香菜、菜油、蒜头、芫荽、狗油、葱花、味精等适量。

刀工成型：狗去毛刮洗干净，破腹去内脏、大骨，用沸水连氽几次，除去血迹至无臭味为止。然后砍成两节，放入砂罐中，加水和姜数块，置旺火上炖至汤沸。滴入少许苦胆汁，除去泡沫、浮渣，再用小火炖至软时取出滤干水分，抹上熟菜油，使狗肉表皮发光发亮。根据食用量切成 3 厘米见方的薄片。

烹调方法：将锅洗净置火上。烧开原汁狗肉汤，放入切好的肉片，加入少许姜片、蒜片、鱼香菜、芫荽、葱节、胡椒粉、花椒粉、砂仁、味精，使其入味。

制作蘸水：适量煳辣椒面用狗油烧烫浇淋，加入盐、姜米、蒜泥、鱼香菜、芫荽、葱花、胡椒粉、花椒粉、原汤、味精，调匀后分给每人一个味碟，与狗肉同时上桌。

风味特色：肉色白嫩，汤清不稠，味美清香。

技术要领：炖狗肉时用小火，以免汤汁稠浓。

三、畜兽类原材料副产品的结构及烹饪运用

肝脏

肝是动物的大型消化腺，主要生产胆汁。胆汁有助于脂肪的消化吸收。肝还能将有毒的氨转变为无毒的尿素经肾排出。所以，肝是体内的主要解毒器官。在胚胎时，肝脏还有造血功能。新鲜的肝脏有光泽，且质细柔软，富有弹性。肝脏的大小随动物大小而异：动物体大者肝脏也大，质地较粗老；反之，质地较细。如，牛肝的质地粗老，猪肝、羊肝质地细嫩。由于肝脏细胞含水量高，糖分含量高，且连接肝细胞的结缔组织少而细软，所以对刀工的要求较高。在烹调加热时，为了保持肝脏

细胞内水分使成菜质地柔嫩，往往经上浆后，采用爆炒、氽煮等快速加热方式成菜，如白油肝片、软炸猪肝、竹荪肝膏汤、熘肝尖等，都是有特色的菜肴。初加工时，需小心去除胆囊，以免胆囊破裂，胆汁污染肝脏。若不小心污染，可用酒、小苏打或发酵粉涂抹在被污染的部分使胆汁溶解，再用冷水冲洗，苦味便可消除。

肾脏

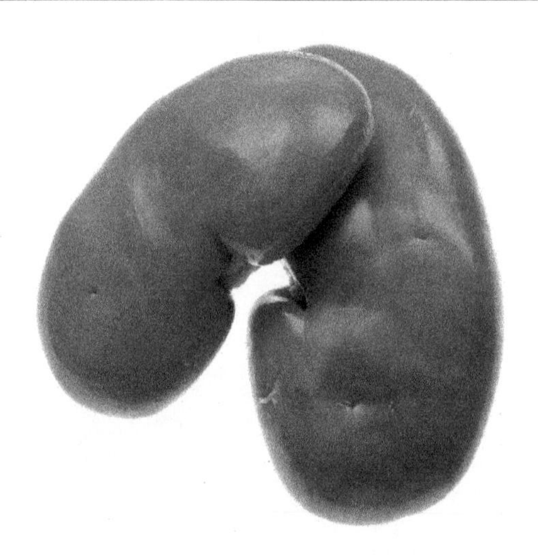

肾，俗称腰子，为高等脊椎动物的实质性造尿器官。

肾实质可分为皮质和髓质两部分。皮质位于体表，呈红褐色，并伸入髓质形成肾柱。髓质位于皮质的深部，颜色较淡呈白色，致密有条纹。由于尿液在髓质部逐渐形成，有刺鼻的臊味，所以髓质又俗称尿臊、腰臊。加工时应去掉这部分。有的地区在应用时也有留下髓质的，但应划一小口，将尿液完全冲洗干净。皮质是主要的利用部位。由于皮质是由排练紧密的细胞组成，无肌肉细胞的方向性，且加工时内外无筋膜，所以可进行各种刀工处理，尤其适合于剞花刀。肾的质地脆嫩、柔软，与肝脏有相似之处，所以烹调时也应上浆或用温油过油，并采用快速烹调而成菜，保持其脆嫩质感。代表菜式如火爆腰花、火爆双脆、炝腰片等。

胃（肠）

胃，俗称肚子，为动物的消化道的扩大部分，是肌肉层特别发达的部位。由于动物的种类不同，胃在外形和结构上有所差异。按胃的室数，可分为单胃和复胃。猪胃即是单胃典型的代表。幽门部的环行肌厚实，俗称肚头、肚仁或肚尖，具脆韧性，常用爆、炒、拌等方法加工成菜。而其他肌肉层较薄的部位，结缔组织较多，质地绵软，多用于烧、烩等烹调。大蒜烧肚条、红油肚丝、爆双脆、口蘑汤泡肚是其特色菜肴。

复胃是反刍动物特有的胃，牛、羊、马的胃即属此种结构。由于复胃的内部均长有肉毛，所以烹饪行业中将其称为“毛肚”。网胃的肉毛排列成蜂窝状而称为蜂窝肚；瓣胃和皱胃的皱褶壁密集称为千层肚或百叶肚。毛肚和蜂窝肚肌肉层发达，是川菜“夫妻肺片”的原材料之一，也可烧、卤成菜。千层肚肌肉层极薄，主要食用部位是其黏膜和黏膜下层，以结缔组织为主，所以脆性强，常撕片、切丝供爆炒、拌制成菜，也是常用的火锅原材料之一。

原材料中提及的“小肚”，即是动物的膀胱。常制作卤制品、灌制品，如香肚。

肠的结构与胃相似，但肌肉层没有胃的肌肉层发达，只有内外两层肌肉，分小肠和大肠两部分。优质的鲜肠色白黄、柔润、无污染、有黏液。烹饪中常用的是大肠中的结肠段，由于脂肪含量高，又称肥肠，适于烧、煨、卤、火爆等。山东九转大肠、陕西葫芦头、吉林白肉血肠、四川火爆肥肠等菜肴都尽显此原材料的特色。此外，也常利用小肠和大肠的以结缔组织为主的黏膜下层作天然肠衣，灌制香肠。

皮、筋

1. 皮

动物的皮肤由表皮、真皮和皮下脂肪构成。烹饪中一般常选猪皮做原材料。皮主要由致密结缔组织构成，所以其成分主要是胶原蛋白，以无皱纹、厚实的后腿皮和背皮为优。烹制时多作配料，用于烧、烩、煮、拌成菜，或加工成油发干品——响皮，用于制作皮扎丝等菜肴及代替鱼肚使用，也可加工成皮冻，是凉菜的主料和特色面点——汤包的重要原材料。

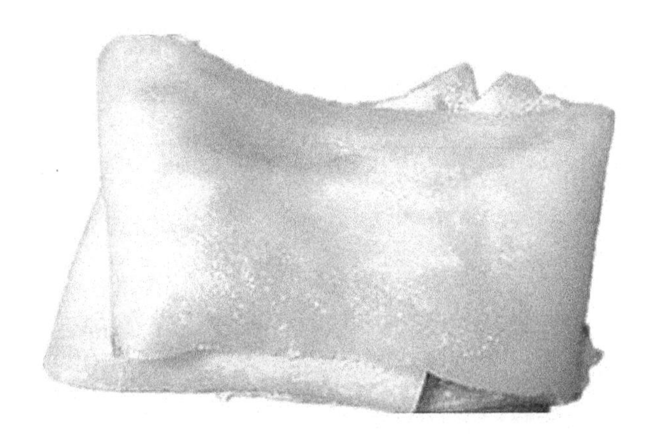

2. 筋

筋主要是指畜类四肢的肌腱和相关联的韧带，行业上又叫蹄筋。它由致密结缔组织构成，含有 85% 的胶原蛋白。蹄筋的长短、粗细、质地随动物种类不同而有差异。常用的蹄筋干制品中，鹿蹄筋呈金黄色或棕黄色，少而名贵；猪蹄筋为白色或乳黄色，质好；牛蹄筋色棕黄，长而粗，具腥膻味，质稍次。使用干品前需油发或盐发。一般以红烧、红扒、黄焖、氽汤等方法成菜，如酸辣蹄筋、红烧蹄筋等菜肴中体现了其柔软、滑嫩的质感。

乳汁

乳汁是雌性哺乳类动物产仔后由乳房分泌的白色液体，营养丰富，如牛乳、羊乳、马乳等。乳类可直接食用，通过烹饪也起着特殊的作用。牛乳中存在有挥发性脂肪酸及其他挥发性物质，使其具有特殊的奶香味。烹饪时以奶代汤，可增加菜肴的香甜度，使其清淡、爽口、风味别致，如奶油菜心、牛奶熬白菜等。但要求菜肴原材料不能有浓烈的气味，如芳香味或腥膻味。对有味原材料必须经过处理去味后方可利用。西餐中乳汁运用更为广泛。

猪舌

猪舌，别名口条、招财。新鲜猪舌为灰白色，包膜平滑，无异块和肿块，舌体柔软有弹性，无异味。变质的猪舌呈灰绿色，表面发黏，无弹性，有臭味。异常的猪舌呈红色或紫红色，表面粗糙，有出血点，有溃烂斑或肿块，或在猪舌根有猪囊虫寄生。由于猪舌含较高的胆固醇，凡胆固醇偏高的人都不宜食用。猪舌肉质坚实，无骨，无筋膜、韧带，熟后无纤维质感。猪舌含有丰富的蛋白质、维生素A、烟酸、铁、硒等营养元素，性平味甘咸，有滋阴润燥的功效。

猪血

猪血，味甘苦，性温，有解毒清肠、补血美容的功效。猪血富含维生素B_2、维生素C、蛋白质、铁、磷、钙、烟酸等营养成分。据本草纲目记载，猪血味咸，性平，主治瘴气、中风、跌打损伤、骨折及头痛眩晕。此外，猪血可抑制结石。一般人群均可食用。

猪血中含铁量较高，而且以血红素铁的形式存在，容易被人体吸收利用，处于生长发育阶段的儿童、孕妇或哺乳期妇女多吃些有动物血的菜肴，可以防治缺铁性贫血。中老年人食之可预防冠心病、动脉硬化等症。

猪血中含有的钴是防止人体内恶性肿瘤生长的重要微量元素，这在其他食品中是难以获得的。

过量食用猪血会造成铁中毒，影响其他矿物质的吸收，所以除非特殊需要，一周建议食用不超过 2 次。猪血中同时含有猪机体的新陈代谢废物，大量食用也会给人体带来负担（包括激素、药物、尿素等）。

四、畜类制品的种类及烹饪运用

畜类制品是指用家畜和兽类的肉及副产品加工而成的产品。家畜类制品多以猪为原材料加工制作；兽类制品较少，但有些属高档原材料，如熊掌、鹿筋等，常用于高级筵席中。

畜类制品的加工方式有多种，整体或整体开片制作，解大件制作，取不同部位制作，切成小件制作和切碎灌制等。由于制作方式的多样性，使得畜类制品种类繁多。

根据加工方法不同，可将畜类制品分为七类，即腌腊制品、干制品、灌肠制品、酱卤制品、熏烤制品、油炸制品、乳制品。

火腿

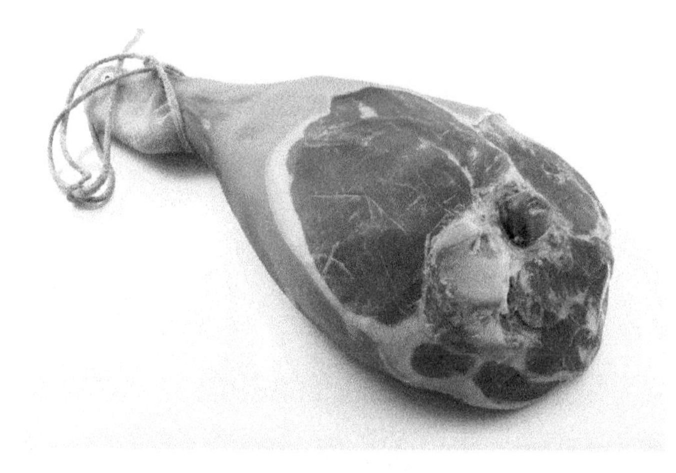

火腿为腌腊制品的代表，是用猪后腿经修坯、腌制、洗晒、整形、发酵、堆叠等十几道工序加压腌腊制成。较为著名的有贵州省的威宁火腿、浙江金华火腿（南腿）、江苏如皋火腿（北腿）、云南宣威火腿（云腿）等。

火腿的特点为肉致密而不硬，脂肪肥而不腻，咸淡适口，香味浓郁，色彩鲜明，味道鲜美。其质量鉴别通常采用看、扦、斩三步法。一看：皮肉干燥，内外坚实，形状完整均匀，皮色棕黄或棕红，略显光亮，无杂质、虫鼠蛀咬，不褪色。二扦：商品检验多用打签法。将竹签刺入肉中，拔出即嗅，有浓郁火腿香气者为佳。三斩：斩开火腿后，断面肥肉薄而白，瘦肉厚而红艳，则质量优良。若发现皮边发白，表面发黏，肉质枯涩，阴雨天滴卤，脚爪发白，或内部肉质松弛不实，易于刺穿，香气弱而有异味，属次品。若走油发哈喇味，则已临近变质，质量更次。

运用火腿时技术要求较严，否则易使风味受损。

（1）火腿的分档：火腿一般分为五档：上方、中方、火瞳（蹄膀）、火爪（小爪）和滴油（油头）。上方质量最好，精肉多、肥肉少、骨细，可供制作火方，切大片、花刀片；中方质量接近上方，但其中有大骨不易成型，常用于切丝、片、条、丁、块；火瞳有皮紧裹，多带皮食用，用整段或块，切圆片或半圆片均可；火爪、滴油用于炖汤，或与其他原材料同炖；骨、皮可用于吊汤，皮可食用。炖煮时可加入少量白糖，使香味提前释放出来。

（2）火腿的运用：火腿入馔，可作菜肴的主料、配料、鲜味调味品、配色或配形料。火腿可成咸、甜味菜肴，既可单独成菜，也可与其他多种高低档动植物原材料相配成菜。整个菜肴以突出火腿的鲜香为好。由于火腿鲜香味浓，常为燕窝、驼峰、海参等本味不显的原材料赋鲜香滋味。

（3）·运用中的“五忌”：在烹调中，为了取火腿的鲜香，突出本色，需注意使用时的五忌：一忌少汤和无汤烹制，二忌重味，三忌用色素，四忌用浓糊芡，五忌与牛羊类等腥膻原材料配用。

（4）加工中的注意事项：在对火腿进行刀工处理时，为使切配成型，应在煮透蒸熟后，趁热抽出腿骨，用绳捆紧，让骨孔闭合，以重物压实，待冷却后再切。切时应顺着或斜着沿肌纤维的方向下刀。下刀一定要干净利落、用力适度，以免碎烂而不能成型。

西式灌肠和香肠

1. 西式灌肠

西式灌肠是用猪肉、牛肉等经绞碎或切丁后，加入淀粉和调味原材料如食盐、味精、胡椒粉、辣椒粉等制成馅，然后灌入肠衣中，经烘干、蒸煮、烟熏等工序制成的风味制品。其最早见于欧洲，是当地人民喜爱的一种风味食品，后传到世界各地。

我国目前生产的西式灌肠，或是结合我国人民的口味喜好加以改变，或是仍按西式风味来制作，花色品种较多。主要品种有小红肠、大红肠、熏肠、午餐肠、火腿肠等。可直接食用，或作主、配原材料用于菜肴中。

2. 香肠

香肠是我国传统灌肠制品，距今已有一千多年的历史。一般将选取的优质肉类清洗切制后，加入调味料腌制，然后灌入用猪肠制的肠衣中，扎绳分段，在肠衣上刺小孔，晾晒或烘干而成。比较有名的是广式香肠、川式香肠、江苏如皋香肠、湖南大香肠。

广式香肠具有色泽油润、红白鲜明、香甜适口、皮薄肉嫩的特色。制作方法是将一定比例的肉类原材料和白糖、曲酒、酱油、食盐、胡椒粉、硝盐等拌和均匀，灌入天然肠衣中，自然晾干或经 45~ 50℃温度烘干而成。其花色品种多样，主要有生抽肠、腊金银肠、猪肉肠、牛肉肠等几十种。

川式香肠花色品种及味型多样，有咸鲜醇香、咸麻鲜香、麻辣浓香、果味花香等。所用的调味原材料非常丰富，特别增加麻味或麻辣味，但不重甜味。

食用香肠时需蒸熟或煮熟，可单独成菜作冷盘，或搭配其他原材料制作冷拼或热菜，也可作配色装饰料，有时也作火腿替代品。

3. 香肚

香肚和香肠的制作相似，只不过是用猪的膀胱或鸡嗉囊作包装材料灌制而成。南京香肚为著名产品，始创于清朝同治年间，已有 120 多年的历史。其形似苹果，小巧玲珑，肉色红白分明，入口酥嫩，香甜爽口，香气超过香肠。经不断改进，现已闻名中外。

质量好的香肚外皮干燥，并与内容物黏合，不离壳，坚实而有弹性，无黏液、无虫蛀霉斑等。切面肉质紧密，瘦红肥白，香气浓郁。一般多煮熟后切片直接食用，或用于花色冷拼中。

培根

培根，系由英语“Bacon”译音而来，其原意是烟熏肋条肉（即方肉）或烟熏咸背脊肉。培根是西式肉制品三大主要品种（火腿、灌肠、培根）之一，其风味除带有适口的咸味之外，还具有浓郁的烟熏香味。

培根外皮油润呈金黄色，皮质坚硬，瘦肉呈深棕色，质地干硬，切开后肉色鲜艳。最常见的烟肉是腌熏猪肋条肉，以及咸肉火腿薄片。传统上，猪皮也可制成烟肉，不过无外皮的烟肉可作为一个更加健康的选择。

培根中磷、钾、钠的含量丰富，还含有脂肪、胆固醇、碳水化合物等元素。培根有健脾、开胃、祛寒、消食等功效。

腊肉

腊肉是中国腌肉的一种，主要流行于贵州省和四川、湖南一带，在南方其他地区也有制作。由于其通常是在农历的腊月腌制，所以称作“腊肉”。熏好的腊肉，表里一致，煮熟切成片，透明发亮，色泽鲜艳，黄里透红，吃起来味道醇香，肥不腻口，瘦不塞牙，不仅风味独特，而且具有开胃、祛寒、消食等功效。

腊肉在中国南北均有出产，南方以腌腊猪肉较多，北方以腌腊牛肉为主。腊肉种类纷呈，同一品种，又因产地、加工方法等的不同而各具特色。腊肉中磷、钾、钠的含量丰富，还含有脂肪、蛋白质、碳水化合物等元素。腊肉选用新鲜的带皮五花肉，分割成块，用盐和少量亚硝酸钠或硝酸钠、黑胡椒、丁香、香叶、茴香等香料腌渍，再经风干或熏制而成。一般人均可食用，老年人忌食，胃病和十二指肠溃疡患者禁食。

肉松

肉松，或称肉绒、肉酥，是用猪的瘦肉或鱼肉、鸡肉除去水分后制成。通常磨成了末状物，适合儿童食用，将肉松拌进粥里或蘸馒头食用。

肉松按加工方式不同可分为三种，即太仓式肉松、油酥肉松和肉粉松。肉松热量远高于瘦肉，属于高能食品，吃的量和频率都要有所控制。

禽类原料，是指在人工饲养条件下的家禽和那些未被列入国家保护动物目录的野生鸟类的肉、蛋、副产品及其制品的总称。

项目5 辣子鸡火锅

学火锅认材料

原料：鸡翅中段300克，干辣椒50克，花椒粒1汤匙，葱15克，姜15克，蒜15克，绍酒1汤匙，酱油1汤匙，糖1茶匙，盐、味精、香油适量。

制法：

（1）把鸡洗净，剁成小块；把干辣椒剪成段，葱切成段，姜拍成块，蒜切片。

（2）把鸡块用绍酒、糖、盐、葱段和姜块腌上至少半个小时。

（3）炒锅置旺火上，倒入半锅油，烧至五六成热时，下鸡块炸。要把鸡块表面的水分炸干，待鸡块收缩炸成金黄色时捞出，控干待用，并拣去葱段、姜块。

（4）炒锅里留4汤匙油（50克左右），烧至五成热，放入干辣椒段、花椒粒、葱、姜、蒜炒香，马上投入鸡块炒匀，烹入酱油，滴入香油，最后下味精翻炒均匀，出锅即可。

鸡块别切太大，否则不易入味；下油炸时炸得太干就不好吃了；待干辣椒和花椒粒刚炸香时下鸡块，千万别炸煳了；干辣椒、花椒粒的数量按口味增减。

一、禽类原材料的主要种类及烹饪运用

鸡

鸡的种类很多，按照用途不同，可以分为肉用鸡、蛋用鸡、肉蛋兼用鸡、药食兼用鸡四类。在烹饪运用中，鸡可以整只烹饪，也可以在分档取料后使用。整只鸡一般用于制汤或炖菜如白果炖鸡、清炖鸡汤，也用于制作烤、炸菜肴，如叫花鸡、酥炸全鸡、香烤仔鸡。

对鸡进行分档取料后，根据部位的特点不同，在烹饪中的应用也各有不同。

鸭

鸭的消费量较鸡小，居禽类消费量的第二位。根据用途不同，鸭有肉用、蛋用和肉蛋兼用三类。鸭肉鲜嫩味美，营养价值高。烹饪时，一般以突出其肥嫩、鲜香的特点为主，代表菜式如虫草鸭子、海带炖老鸭、豆渣鸭脯、北京烤鸭、干菜肥鸭、葫芦鸭等。此外，鸭还参与高级汤料的调制，如熬制奶汤，其提鲜增香的作用十分明显。

【啤酒鸭火锅】

配料：姜、青蒜、桂皮、八角、干辣椒

调料：啤酒、料酒

制作过程：

（1）开油锅，将油熟至70℃时把鸭肉统统倒入锅中，放姜、盐、少量料酒、干辣椒，将鸭肉炒成金黄色。

（2）放入高压锅内，倒入大概一瓶的啤酒，加入八角、桂皮。

（3）炖上20分钟左右，然后揭盖，放入青蒜、味精，拌匀，放入火锅内以小火煨，即可开始食用。

啤酒鸭是下饭佐酒佳肴，回味无穷，鲜香微辣，略带啤酒香味，风味独特，并兼有清热、开胃、利水、除湿之功效。

鹅

鹅分为肉用鹅、蛋用鹅以及肉蛋两用鹅等。鹅肉的风味鲜美，但质地较粗糙，且腥味较重。烹调时，常采用蒸、烧、烤、焖、炖等烹调方法整只或斩件烹制，如黄焖仔鹅、挂炉烤鹅、广东烧鹅、荷叶粉蒸鹅、花椒鹅块等。

【花溪清汤鹅火锅】

“清汤鹅火锅”一般采用炖的制法。炖时宜用小火慢炖，以使成菜汤鲜肉嫩。为了缩短烹制时间，也可采用高压锅压制的方法。

“清汤鹅火锅”的制法如下：选肥嫩母鹅一只，宰杀时将鹅血放入装有盐水的大碗内，再将鹅毛煺净，用清水冲洗后除去内脏，洗净。斩下鹅头、鹅掌、鹅翅，将鹅身斩成10厘米长、5厘米宽的条块，漂净血水后放入高压锅中。掺入清水，加入老姜50克、大葱100克、料酒50克、醋10克，再放入用纱布包好的香料（草蔻5克、砂仁10克、白芷10克、花椒5克），盖上盖，大火烧至上汽后，转用小火压约20分钟，离火，放汽揭盖，拣去姜葱和香料包，调入精盐、鸡精，将鹅肉捞起放入一大盆内，待锅中汤料澄清后，再将汤汁倒入另一大盆内。

客人到来时，取火锅盆一个，先放入一定数量的鹅肉，再添入汤汁，配上客人点的卤菜和凉拌鹅血、时令鲜蔬等及煳辣椒蘸水一同上桌即可。

鹌鹑

野生鹌鹑被列为国家三级保护动物，所以，这里所说的鹌鹑是指人工饲养鹌鹑。鹌鹑肉的蛋白质含量很高，脂肪和胆固醇含量相对较低，有健脑滋补的作用，被誉为“动物人参”。鹌鹑蛋富含优质的卵磷脂、多种激素和胆碱等成分，对神经衰弱、胃病、肺病均有一定的辅助治疗作用。鹌鹑蛋中含苯丙氨酸、酪氨酸及精氨酸，对合成甲状腺素及肾上腺素、组织蛋白、胰腺的活动有重要影响。从中医学角度出发，其性味甘平，无毒，入肺及脾，有消肿利水、补中益气的功效。在医疗上，常用于辅助治疗糖尿病、贫血、肝炎、营养不良等病。在烹制过程中注意不要让鹌鹑肉发干，鹌鹑的烹饪时间为20~25分钟。鹌鹑通常与葡萄一起炖制，也可以做砂锅菜或烧烤。鹌鹑可以烤制，因为其骨头细小，也可以食用。鹌鹑蛋通常都用来水煮，作为小吃或装饰，熏制食用也非常美味。

野禽的种类很多，大多是制作野味菜肴和药膳的主要原材料。

野禽的组织结构与家禽相似，但飞翔能力比家禽强得多，因此，野禽的组织结构具有与家禽不同的特点。远距离飞行的野禽，胸肌发达，红肌含量相对较多，皮肤活动量大，易从肉体上剥离；不善飞翔的野禽，白肌含量相对较多，肉质细嫩色白。

野禽类主要原材料品种有竹鸡、野鸭等。

二、禽类副产品的组织结构和烹饪运用

1. 肌胃

（1）禽胃的构成：由两部分构成，即腺胃和肌胃。

（2）肌纤维中富含肌红蛋白，肌胃肉质坚实而呈暗红色。

（3）禽胃的应用：肌胃质地脆韧，通常使用炒、爆、炸、氽等烹调方法成菜，从而保持其脆韧的口感，如油爆菊花胗、火爆鸡胗等；也可

采用卤、烧烹调方法成菜，如卤鸭胗。

2. 禽蛋

蛋，指卵生动物为繁衍后代排出体外的卵。除了禽类外，爬行类的蛇、龟、鳖也可以产蛋。烹调中应用最广泛的是禽类所产的蛋。

（1）禽蛋的结构：禽蛋由蛋黄、蛋白、蛋壳三个部分组成。蛋黄占全蛋重量的32%~35%，蛋白占全蛋重量的55%~66%，蛋壳占全蛋重量的12%~13%。

（2）禽蛋的常用品种：有鸡蛋、鸭蛋、鹅蛋、鸽蛋、鹌鹑蛋等，应用最多的是鸡蛋。鸭蛋、鹅蛋较大，腥味较重，通常用于制作咸蛋、皮蛋等。鸽蛋、鹌鹑蛋形态较小、质地细腻，在烹调中多整只使用。

（3）禽蛋的理化性质：烹饪中应用较多的是蛋清的起泡性和蛋黄的乳化性。利用蛋清的起泡性，可将蛋清抽打成蛋清糊，用于制作雪山等造型菜肴或与淀粉混合制作蛋清泡糊，以及制作西式蛋糕等。利用蛋黄的乳化作用，可以制作沙拉酱（蛋黄酱）、冰激凌、糕点等。

3. 禽蛋在烹饪中的应用

（1）单独制作菜肴，也可与其他各种荤素原材料配合使用。

（2）适应于各种烹调方法，如煮、煎、炸、烧、卤、糟、炒、蒸、烩等。可制成如蛋松、紫菜蛋花汤、茶叶蛋、子母会、蛋卷等。

（3）适应于各种调味。由于蛋本味不突出，所以可进行任意调味，如甜、咸、麻辣、五香、糟香等诸多口味。

（4）可用于制作各种小吃、糕点，如金丝面、银丝面、蛋糕、蛋烘糕。

（5）蛋类还可用于各种造型菜，如将蛋白、蛋黄分别蒸熟后制成蛋白糕和蛋黄糕，通过刀工或模具造型后，广泛用于各种造型菜的装饰中。

（6）蛋还可以作为黏合料、包裹料，广泛用于煎、炸等烹饪方法中。

三、禽类制品的种类及烹饪运用

禽类制品是以禽类的肉、蛋等为原材料，经过腌制、干制、烤制、煮（卤、酱）制、熏制等烹调方法加工而成的制品。

禽类制品的分类方法很多，可以根据不同的烹调方法进行分类，如腌制类、干制类、烤制类、煮制类、熏制类等。

根据原材料加工特点不同，分为板鸭、盐水鸭、香酥鸭、风鸡、烧鸡、扒鸡、熏鸡等禽肉制品，以及咸蛋、皮蛋、糟蛋、蛋粉等禽蛋制品。

按照原材料生熟度来分，有些品种是可以直接食用的熟禽制品，如扒鸡、香酥鸡、皮蛋；有些则必须加工后才能食用，如风鸡、板鸭、咸蛋等。

禽肉制品性质各异，风味也各不相同，在烹饪时，要注意根据不同的品质特点合理应用。

燕窝

1. 燕窝的概念

燕窝，又称为燕菜、燕根等，是雨燕科金丝燕属的多种燕类用唾液、自身纤细羽绒，结合海藻、苔藓及所食之物的半消化液等混合凝结后筑成的窝巢。

燕窝呈不规则的半月形，长 6~10 厘米，宽约 3~5 厘米，凹陷成兜状。附着于岩石的一面称为燕根，较平，外面微隆起。燕窝的内部粗糙，呈丝瓜络样，质硬而脆，断面似角质，入水则柔软而膨大。

2. 燕窝的种类

丝燕等在每年 4 月产卵，产卵前必营筑新巢窝。根据巢窝的外表色泽不同，可将燕窝分为白燕（又称官燕）、毛燕、血燕三类。白燕古代曾为贡品，是燕窝中的极品。血燕是经过金丝燕喉部很发达的黏液腺分泌的唾液在空气中凝结成固体所形成的，是金丝燕摄食的昆虫、海藻、银鱼等物经消化后，吐唾筑建的鸟巢，呈白色。从山洞采摘的燕窝有部分呈现出褐红色，或有血色，是燕窝所处的环境如空气、湿度、岩石等共同作用的结果，这部分燕窝被称为血燕。一般认为，血燕的矿物质含量丰富，营养价值高于白燕。毛燕是指采摘燕窝后，未经加工或处理，夹杂一些燕毛。毛燕主要被加工成燕盏、燕条和燕角。

根据燕窝发制后的形状，又可将燕窝分为燕盏、燕碎、燕饼等。燕盏发制后呈条状，燕碎发制后呈散沙状，燕饼是毛燕发制后，去掉杂质再加入海藻类物质黏结而成的半人造燕窝。

3. 燕窝的主要成分

燕窝含有水溶性蛋白质、碳水化合物以及钙、磷、铁、钠、钾等微量元素和对促进人体活力起重要作用的氨基酸（赖氨酸、胱氨酸和精氨酸）。

一些研究显示，燕窝中的蛋白并没有囊括所有种类的必需氨基酸，不能算是优质蛋白。对于人类来说，最优质的蛋白质就存在于日常的食物中，比如牛奶和鸡蛋。

燕窝性平和，味甘淡，故体性寒凉或燥热者都可服用。

4. 燕窝的选择

燕窝以形态完整、根小毛少、棱条粗壮、色白而有清香为佳。一般保存在低温干燥处，切勿受潮。

5. 燕窝的应用

燕窝经蒸发、泡发后，通常用蒸、炖、煮、扒等方法进行烹调，以羹汤菜式为多。制作时，常辅以上汤或味清鲜质柔软的原材料，如鸡、鸽、海参、银耳等，也可以制作甜、咸菜式。调味则以清淡为主，忌配重味辅料掩其本味。色泽也不宜浓重。燕窝菜肴一般用于高档宴席，著名的菜式如五彩燕窝、冰糖燕窝、鸽蛋燕菜汤、鸡汤燕菜等。

板鸭和风鸡

1. 板鸭

板鸭是选用健康的活鸭，经宰杀煺毛、去内脏、水浸、擦盐（干腌）、复卤（湿腌）、晾挂风干制作而成的腌腊制品。

板鸭在我国的许多地方都有加工，著名的板鸭有南京板鸭、南安板鸭、无骨板鸭、白市驿板鸭、建瓯板鸭等。

板鸭的质量以干、酥、板、烂、香为佳。烹调前，一般先用清水浸泡，洗去多余的盐分，用沸水煮软，再用于烹调，或冷却后直接切成需要的形状。烹制板鸭常用的方法有蒸、煮、炖、炒、炸等。

2. 风鸡

风鸡是以健康的活鸡为原材料，经宰杀、去内脏、腌制、风干等多道工序加工而成。

制作风鸡通常在农历小雪以后，此时气候干燥，微生物不容易侵袭，制品有较好的腊味。我国加工风鸡的地方很多，制作方法略有差异，著名的风鸡有河南固始风鸡、湖南泥风鸡、云南风鸡等。

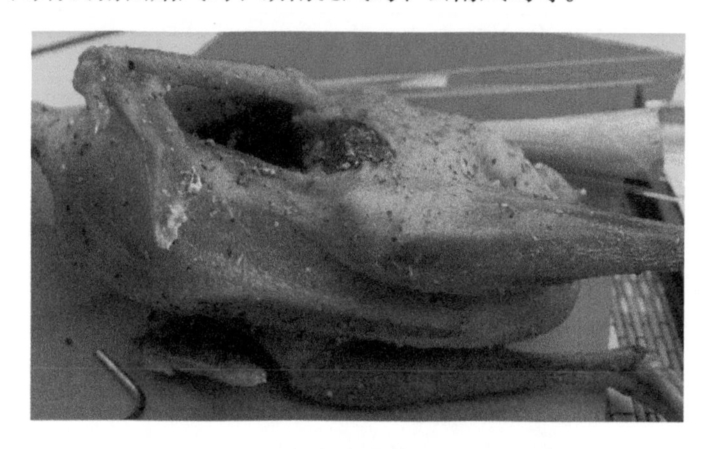

制作风鸡通常不去毛，制作过程集腌制和风干为一体。制成品不仅肉质挺硬、柔嫩细滑、鲜爽不腻、腊香浓郁，而且适于储藏。

烹制时，先将风鸡去毛洗净后炖煮，至用筷可捣入鸡肉即成。晾凉后拆骨去肉并撕成细丝状备用。可制作冷盘，或加配料进行烧、烩、煮、炒，也可作为火锅的用料。

咸蛋和皮蛋

1.咸蛋

将蛋放在浓盐水中浸泡，或用含盐的泥土包在蛋的表面腌制而成的

蛋类制品就是咸蛋。通常使用鸭蛋作为制作的原材料。由于制作方法不同，咸蛋可分为黄泥蛋（将鲜鸭蛋加黄泥和食盐制成），灰蛋（将鲜鸭蛋加草木灰及食盐制成），咸卤蛋（将鲜鸭蛋在盐水中浸泡制成）。

咸蛋的选择：以咸淡适口、个大、蛋黄含油丰润、无空头、壳青白者为佳。咸蛋可以直接食用，蛋黄色泽红黄，富含油脂，具有鲜、细、嫩、松、沙、油等特点，油炒后颇似蟹黄，故常用于热菜中，以咸蛋代替蟹黄制作菜肴，如赛蟹黄、蟹黄豆腐、金沙炒蟹等。此外，咸蛋黄还常作为面点的馅心用料。

2. 皮蛋

通常以鸭蛋为主料（也可用鸡蛋、鹌鹑蛋为主料），以食盐、石灰、纯碱、茶叶等为配料制作而成。因加工用料和条件不同，皮蛋可分为硬心皮蛋和溏心皮蛋两种。在制作前者时，要加入氧化铅或氧化锌，使蛋黄凝固，无溏心；制作后者时，添加草木灰等，使蛋黄中心呈稠黏液状。鉴别皮蛋有以下几个方面：蛋壳完整，两蛋轻敲有清脆声，并能感到内部弹动；剥去蛋壳，蛋青凝固完整，光滑洁净，不黏壳，无异味，呈棕褐或绿褐，有松枝花纹；蛋黄味道清香浓郁，无辛辣味、无臭味；含铅量每千克不超过 6 毫克。

皮蛋通常用于制作凉菜，也可熘、炸、煮等用于热菜制作中，并可以制作小吃、粥品等。

模块6 鱼类原材料

鱼类原材料脂肪含量较低，品种繁多，滋味鲜美，营养丰富，深受人们的喜爱，在烹饪中运用极其广泛。

它分为海产鱼类、洄游鱼类、淡水鱼类三种。海产鱼类的主要品种有大黄鱼、小黄鱼、带鱼、鲳鱼、鳕鱼、鲈鱼等，其肌间刺少，肌肉富有弹性，有的鱼类其肌肉呈蒜瓣状，风味浓郁。洄游鱼类主要有鲥鱼、鲚（即刀鱼）、银鱼、河鲀、鳗鲡等。淡水鱼味鲜美，是鱼类菜肴制作的常用原材料。目前，市场上销售的主要是人工养殖的鱼类。

项目6 酸汤鱼火锅

学火锅认材料

主料：贵州乌江鲢鱼（或江团）、凯里红酸汤。

辅料：嫩豆腐、豆芽。

调料：盐、小葱、香菜、姜、蒜、胡椒粉、鸡精、木姜籽油、鱼香菜，生姜、蒜瓣、清酸汤、红酸汤、折耳根（鱼腥草）。

木姜籽属于贵州本地特产调味品，多年生木本植物。冬季打花苞，春季开花，夏秋结籽，香气馨怡，具有醒目提神之功效，去腥力极强。冬春用花，夏秋用籽。可浸泡保存，或制油，也可晒干制成粉，但成粉后味稍差。

蘸碟的调制：取调味碗，放入青椒末、味精、姜、蒜末、鱼香菜末、野葱末、木姜籽末、折耳根末、精盐，再用原汤调稀，随鱼上桌蘸食。也可用辣椒面调制（不用青椒末），另加些干豆豉粉，其他调料不变。

制法：鱼去内脏整理干净，取少量鱼香菜、小葱、蒜分别剁碎，一部分姜切片，折耳根切末。

烹制：清、红酸汤各一半放入火锅中（共 5 千克左右），冷汤入鱼，烧开后打去泡沫，加入已备好的料和木姜籽油，烧煮 5 分钟，调入精盐、味精、胡椒粉，最后放入鱼香菜、小葱，即可上桌边煮边吃。

清酸汤：将淘米水烧开，倒入坛子中，加入适量的面酵母水或白醋、野葱、木姜籽，发酵 2 ~ 3 天即可取用。每次取用后要添新淘米水，24 小时后可使用。取用时注意清洁，不可沾油污，否则会变味。

红酸汤：选用皮薄个小的西红柿，洗净，晾干，装入坛子中加盐（每 10 斤西红柿加 1 斤盐），腌泡 15 ~ 20 天即可取用，泡的时间过长会太酸。使用时可加适量的清水缓解酸度。取用时注意不得沾油。

特点：味酸醇、清香，鱼肉细嫩，风味独特，属纯天然绿色食品，色香味俱全。汤鲜，刺激食欲。鱼肉富含高蛋白，常食不厌，可健体补脑。由于酸汤的刺激，食用过程中周身发热，可缓解感冒症状，是一道味道独特、强身健体、老少皆宜的上等好菜。

酸汤的制作方法：酸汤是用烧开的米泔水酿制而成的，上好的酸汤应为白色。清酸汤味酸而清香，但醇厚味略差些，加上用西红柿泡制的红酸汤，味道就更加完美了。如再加些黄豆芽、小竹笋、芋荷秆和野葱作辅料，风味就更加独特。

一、鱼类原材料的特点

1. 鱼类的肉组织结构特点

（1）肌肉组织：是鱼类供人们食用的主要部位。

（2）脂肪组织：鱼类的脂肪含量较低，多在1%~10%之间。冷水性鱼类通常含脂肪较多。同品种鱼，年龄大则脂肪含量高。

（3）骨组织：在生物学分类上，将鱼类分为软骨鱼类和硬骨鱼类两大类。

2. 鱼的鲜味和腥味

（1）鱼的鲜味：鱼的鲜味主要来自于肌肉中含有的多种呈现鲜味的氨基酸，并与蛋白质、脂类、糖类等组成成分有关。

（2）鱼的腥味：海水鱼腐败臭气的主要成分为三甲胺。淡水鱼的腥气主要是泥土中放线菌产生的六氢吡啶类化合物与鱼体表面的乙醛结合生成。

3. 去除鱼腥味的方法

（1）杀鱼时记得要把鱼肚子里的一层黑膜去掉，腥味主要源于此。

（2）鱼在被宰杀前可浸泡在盐水里，此时鱼仍可呼吸，让它尽情呼吸盐水，这样可以有效减少鱼的土腥味。

（3）鲤鱼格外不同，它的肚皮两边有两条白筋（一边一根），这也是腥味的源头，可用刀在鲤鱼鳃下三厘米左右处划开一刀，把白筋抽出来，可大大减少鱼腥味。

（4）烧鱼时，要在鱼肚中放些材料如蒜姜之类，也能有效去腥。烹制鱼类菜肴时添加醋酸、食醋、柠檬汁等会使鱼腥气大大降低。

（5）烧鱼时如果加一些酒，所有腥味马上去除。比如就有一种叫啤酒鱼的，用油炸过后，直接用啤酒烧，香味可口的同时，也感觉不到腥味的存在。如想去除炸过鱼的油的腥味，可把炸过鱼的油放在锅内烧热，投入少许葱段、姜和花椒，炒焦，然后将锅离火，抓一把面撒入热油中，面粉受热后糊化沉积，吸附了一些溶在油内的三甲胺，可除去油的大部分腥味。

二、鱼类原材料的烹饪运用

在具体的应用过程中，可根据各种鱼的肌肉组织特点、风味特点等，选择相适应的加工和制作方法。但总体上，鱼类的烹饪运用也表现出一定的规律性。

（1）鱼类原材料主要作为菜肴的主料，也可作为汤品或面点的馅心用料，如鲫鱼汤、鲅鱼饺。有的还可用于调味，如长江下游地区常将银鱼油炸后制成面鱼脯，具有独特的风味。

（2）鱼体的肌肉组织在烹饪运用中使用的最多。某些鱼类的副产品，也可作为菜肴的主料，或是加工成珍贵的制品，如鳙鱼头、鲨鱼皮、鲟鱼子、黄鱼肚等。

（3）通常，体形小的鱼如鲫鱼、泥鳅、黄颡鱼、沙丁鱼等，以及体重在 1.5 千克以下的草鱼、鲤鱼等，一般整条使用；体形大的鱼，肉厚刺少的鱼，如鲢鱼、青鱼、鳗鱼等可进行多种刀工处理；白肉鱼类常用于鱼圆、鱼糕等的制作。

（4）烹饪中的各种加工方法都适用于鱼类原材料的制作。另外，几乎所有的鱼都可以油炸或红烧；脂肪含量高的鱼如鲥鱼、鳜鱼、鲳鱼、鲈鱼等采用清蒸的方法更能突出其鲜香风味。

（5）当鱼类原材料新鲜度高时，其鲜味突出，腥味很小，没有膻味，适于咸鲜、茄汁、糖醋、咸甜、酸辣、蒜香、家常等多种调味方式。

三、淡水鱼类的主要品种

青鱼

青鱼是一种颜色青的鱼，主要分布于我国长江以南的平原地区，长江以北较稀少。它是长江中下游和沿江湖泊里的重要渔业资源，是湖泊、池塘中的主要养殖对象，为我国淡水养殖的“四大家鱼”之一。青鱼除含有丰富蛋白质外，还含有丰富的硒、碘等微量元素。鱼肉中富含核酸，这是人体细胞所必需的物质，核酸食品可延缓衰老，辅助疾病的治疗。

青鱼可红烧、干烧、清炖、糖醋或切段熏制，也可加工成条、片、块，制作各种菜肴。

收拾青鱼的窍门：右手握刀，左手按住鱼的头部，从尾部向头部用力刮去鳞片，然后用右手大拇指和食指将鱼鳃挖出，用剪刀从青鱼的口部至脐眼处剖开腹部，挖出内脏，用水冲洗干净。将腹部的黑膜用刀刮一刮，再冲洗干净。

草鱼

草鱼，俗称鲩鱼，喜居于水的中下层和近岸多水草区域。性活泼，游泳迅速，常成群觅食，为典型的草食性鱼类。因其生长迅速，饲料来源广，是中国淡水养殖的四大家鱼之一。

草鱼含有丰富的不饱和脂肪酸，对血液循环有利。其肉嫩而不腻，可以开胃、滋补。

鳙

鳙，又叫花鲢、胖头鱼、大头鱼、黑鲢，为四大家鱼之一。鳙生长迅速，3 龄鱼可达 4~5 千克，最大个体可达 40 千克，天然产量很高，属高蛋白、低脂肪、低胆固醇鱼类。其疾病少，易饲养，为我国重要经济鱼类。

鳙鱼适于烧、炖、清蒸、油浸，尤以清蒸、油浸最能突出胖头鱼清淡、鲜香的特点。

鲢鱼

鲢鱼，又叫鲢子鱼，属于鲤形目，鲤科，是著名的四大家鱼之一。适于烧、炖、清蒸、油浸，尤以清蒸、油浸最能突出鲢鱼清淡、鲜香的特点。

清洗鲢鱼的时候，要将鱼肝清除掉，因为其含有毒质。

巧去鱼腥味：将鱼去鳞、剖腹，洗净后，放入盆中倒一些黄酒，就能除去鱼的腥味，并能使鱼滋味鲜美。将鲜鱼剖开洗净，在牛奶中泡一会儿，既可除腥，又能增加鲜味。

胡子鲇

胡子鲇，被贵州人称为“角角鱼”，即塘鲺，广布于我国南方各地，既是营养丰富的消费品，又是具有药用价值的滋补品。它能够生存于一般鱼类不能生存的低氧、浅水或受到污染的水域中。味甘，性平，能补脾益气，益肾兴阳。其肉嫩味美，可煎汤或煮粥食。

鲇鱼营养丰富，含有多种矿物质和微量元素，特别适合体弱虚损、营养不良之人食用。除鲇鱼的鱼子有杂味不宜食用以外，其全身都是名贵的营养佳品，早在史书中就有记载，可以和鱼翅、野生甲鱼相媲美。它的食疗作用和药用价值是其他鱼类所不具备的，独特的强筋壮骨和益寿作用是它特有的。

鲤鱼

鲤鱼单独或成小群地生活于平静且水草丛生的泥底的池塘、湖泊、河流中。肉中含蛋白质、脂肪、钙、磷及多种维生素。鲤鱼的脂肪多为不饱和脂肪酸，中医学认为，鲤鱼各部位均可入药。鲤鱼皮可治疗鱼梗，鲤鱼血可治疗口眼㖞斜，鲤鱼汤可治疗小儿身疮，用鲤鱼治疗怀孕妇女的浮肿及胎动不安有特别疗效。

鲤鱼忌与绿豆、芋头、牛羊油、猪肝、鸡肉、荆芥、甘草、南瓜和狗肉同食，也忌与中药中的朱砂同服。

鲫鱼

鲫鱼是以植物为食的杂食性鱼，喜群集而行，择食而居。肉质细嫩，肉味甜美，营养价值很高，含有大量的钙、磷、铁等矿物质。鲫鱼药用价值极高，其性平味甘，入胃、肾，具有和中补虚、除湿利水、补虚羸、温胃进食、补中生气之功效。鲫鱼分布广泛，全国各地水域常年均有生产，以2~4月和8~12月的鲫鱼最肥美，为我国重要食用鱼类之一。

鳝

鳝鱼富含的DHA和卵磷脂，是构成人体各器官组织细胞膜的主要成分，而且是脑细胞不可缺少的营养。鳝鱼特含降低血糖和调节血糖的“鳝鱼素”，且所含脂肪极少，是糖尿病患者的理想食品。鳝鱼含丰富维生素 A，能提高视力，促进皮膜的新陈代谢。

泥鳅

泥鳅被称为“水中之参”,在中国南方各地均有分布,全年都可采收,夏季最多，可鲜用或烘干用。

泥鳅生活在湖池,形体小,只有三四寸长,体圆,身短,皮下有小鳞片,颜色青黑，浑身沾满了黏液，因而滑腻无法握住它。它高蛋白、低脂肪,是营养价值很高的一种鱼。

泥鳅和豆腐同烹，有很好的进补和食疗功效，一般人群均可食用。

团头鲂

团头鲂，即武昌鱼，清蒸、红烧、油闷、花酿、油煎均可，尤以清蒸为佳。武昌鱼高蛋白、低胆固醇，老少皆宜。

鳜鱼

鳜鱼是中国特产的一种食用淡水鱼，体侧上部呈青黄色或橄褐色，有许多不规则暗棕色或黑色斑点和斑块，腹部灰白，背部隆起，口较大，下颌突出，背鳍一个，鱼鳞细小、呈圆形，性凶猛，食肉。鳜鱼红烧、清蒸、炸、炖、熘均可，也是西餐常用鱼之一。鳜鱼含有蛋白质、脂肪及少量维生素、钙、钾、镁、硒等营养元素，肉质细嫩，极易消化。

四、鱼类制品

鱼类制品是以鱼肉或是以鱼身体上的某个器官，采用不同的加工方法制作而成的产品，多为干制品。

除咸鱼、鱼子酱等制品外，大多本味不显，烹制时应以高汤入味，或与鲜美原材料合烹。由于多为干制品，用前须涨发，所以烹调工艺较其他原材料复杂。

鱼肚

鱼肚是大黄鱼、鳇鱼、鲟鱼、鮸鱼、鮰鱼等大中型鱼类的鳔的干制品。其富含胶质，故又称为鱼胶，自古便属于海珍之一。

根据加工的鱼种不同，可分为鳘肚、黄鱼肚、鳝肚、鮰鱼肚、毛鲿肚、鮸鱼肚、鲟鱼肚等多种。

（1）黄唇肚是鱼肚中品种最好、质量最佳的一种，成品为金黄色、鲜艳有光泽，有鼓状波纹，稀少而名贵。

（2）行业上称为“广肚”的是产于广东、广西、福建、海南沿海一带的毛鲿肚和鮸鱼肚的统称。广肚有雌雄之分：雄的形如马鞍，略带淡红色，身厚，涨发性能好，入口味美；雌的略圆而平展，质较薄，煲后易软糯。

（3）札胶是原产于中南美洲的鱼肚，亦分雌雄。雌肚身厚，质佳，煲后易成糯米粉状而黏牙；雄肚身薄肉爽，煮起来不易糯。

（4）鱼肚中称为“花心”的鱼肚，是由于鱼肚未干透，因其不易涨发，品质不佳。

鱼肚一般以片大、纹直、肉体厚实、色泽明亮、体形完整的为上品；体小、肉薄、色泽灰暗、体形不完整的为次品；色泽发黑的，说明已经变质不能食用。

鱼肚的涨发常采用油发、水发或盐发。发好的鱼肚色白、松软、柔糯。烹饪中常采用烧、扒、烩、炖等方法成菜，但烹制时间不宜太长，且须用高汤以及鲜美的配料赋味。代表菜式如红烧鱼肚、奶汤鱼肚、虾仁鱼肚、干贝广肚、氽鱼肚卷等。

鱼子酱

鱼子酱是新鲜鱼子经盐水腌制而成的制品，被欧美人誉为世界三大美食之一。根据新鲜鱼子的来源不同，可分为红鱼子酱和黑鱼子酱两大类。其中，品质最好的鱼子酱是用产于黑海海域中的鲟鱼的卵制成。

鱼子酱味鲜咸，有特殊的腥味。品质好的鱼子酱颗粒肥硕，饱满圆润，色泽透明清亮，略带金色的光泽。

在西餐中，鱼子酱一般被用作开胃小吃，或冷菜、冷点的赋味及装饰用料。也可用于少司的制作，如莫斯科少司。

鱼骨

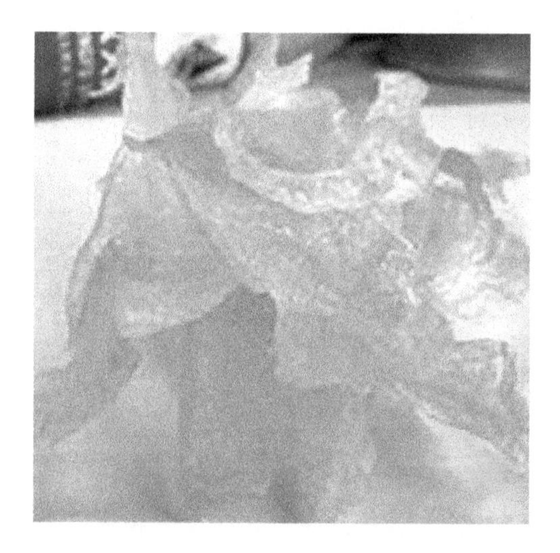

鱼骨，又称明骨、鱼脑、鱼脆。它以鲟鱼、鳇鱼的鳃脑骨、鼻骨或鲨鱼、鳐鱼等软骨鱼类的头骨、鳍基骨等部位的软骨加工干制而成。

成品为长形或方形，白色或米色，半透明，有光泽，坚硬。由于鱼的种类及原材料骨的位置不同，质量有所区别。通常以头骨或颚骨制得的为佳，尤以鲟鱼的鼻骨制成的为名贵鱼骨，称为龙骨。

烹制前须用水涨发，然后用上汤赋味或与鲜美原材料合烹，采用烧、烩、煮、煨等方法做汤、羹菜式，也可配以果品制作甜菜。代表菜式如芙蓉鱼骨、清汤鱼骨、桂花鱼脆。

【鱼骨】

一、营养简介

日本人喜欢吃鱼，不光是吃鱼肉，几乎鱼的所有部位都吃，就连鱼刺和鱼骨也都会吃得干干净净，这并不是因为他们自古以来就有吃鱼骨头的习惯。日本很多营养学家对此做过充分的研究，认为经常吃鱼骨头对身体是非常有好处的。

东京晋及健康营养协会理事长、东京农业大学应用生物科学部教授荒井综一先生介绍说，鱼骨里含有丰富的钙质和微量元素，经常吃可以防止骨质疏松，对于处于生长期的青少年和骨骼开始衰老的中老年人来讲，都非常有益处。而且，经过适当软化处理的鱼骨，营养成分都成为水溶性物质，很容易被人体吸收。所以，多吃鱼骨对身体有益无害。

二、烹调方法

很多人不吃鱼骨是因为不会做，下面就介绍几种做鱼骨的方法。例如，可以把鱼骨晒干、碾碎，和肉馅一起做成炸丸子。另外，炖鱼的时候可以用高压锅，里面多放一点醋，这样鱼骨和鱼刺会软化，可以直接食用。

日本还有一种传统的腌制鱼的方法，也可以使鱼骨软化后直接食用。选择一些小型淡水鱼，洗干净，去除内脏后，在鱼的表面涂上少量盐，再准备一些拌了盐和甜米酒的米饭。然后，在缸里铺一层米饭，再铺一层鱼，最后加盖密封，上面压些重物，腌制3个月就可以食用了。用这种方法腌好的鱼骨头和鱼刺都可以吃，而且含有丰富的乳酸菌，容易被胃肠吸收，还有助于劳累的人恢复体力。

当然，不是所有鱼的骨头都容易变软，一些大型鱼类的骨头即便长时间蒸煮也不会变软。而像鲤鱼、鲫鱼、鳗鱼、鳝鱼和一些小鱼的骨头和刺经过油炸、蒸煮以及腌制以后比较容易变软，可以经常吃。

鱼骨头还被做成各种首饰品，象征着平安、智慧。

鱼皮

鱼皮由各种鲨鱼、鳐鱼等鱼的背部厚皮经加工干制而成。主要品种有犁头鳐皮、青鲨皮、真鲨皮、姥鲨皮等，以犁头鳐皮质量为最佳。

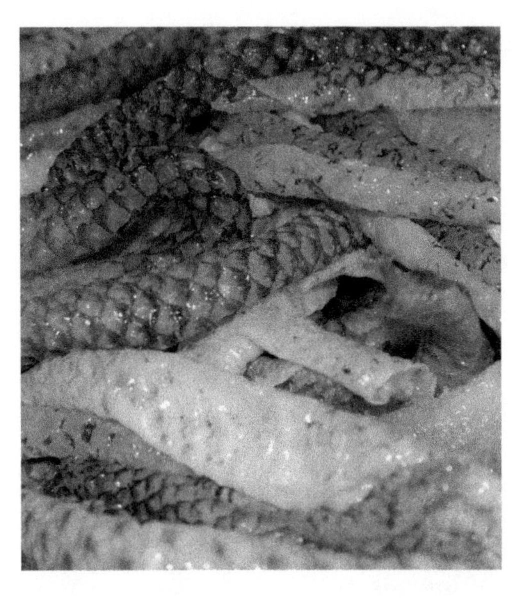

选择时以皮厚身干、无肉、洁净无虫伤、有光泽者为上品。

经涨发后，采用烧、烩、扒、焖等烹制方法制作菜肴。因本味不显，须赋鲜味。代表菜式如白汁鱼皮、干烧鱼皮、凉拌鱼皮等。

鱼唇

鱼唇，又称鱼嘴，为鲟鱼、黄鱼、鲨鱼、犁头鳐等鱼的唇部软肉（有时带有眼腮）的干制品。通常从唇中间劈开分为左右相连的两片，带有两条薄片状软骨。以犁头鳐制成的鱼唇为佳品。其主要成分为胶原蛋白。

鱼唇，本味不显，烹制时须用上汤赋味或与鸡、火腿、干贝等鲜美原材料合烹。用水涨发后，可采用烧、扒、蒸、煮、煨、烩等方法制作菜肴、羹汤。代表菜式如红烧鱼唇、白扒鱼唇、肉末鱼唇等。

鱼信

鱼信，又称鱼筋，为鲟鱼、鳇鱼等鱼类的脊髓干制品。成品呈长条状，色白，质地较脆，产量较低，为名贵原材料。

烹制前用温水洗净，然后上笼蒸至涨发。由于本味不显，须用高汤赋味或与肉类、鱼类、鸡鸭、虾蟹等鲜美原材料合烹。代表菜式如鲜熘鱼信、蟹黄鱼信、芙蓉鱼信等。

低等动物，即无脊椎动物，约占动物界总数的95%，主要有原生动物、海绵动物、腔肠动物、扁形动物、线形动物、环节动物、软体动物、节肢动物、棘皮动物等类群。其中，软体动物、棘皮动物、节肢动物和腔肠动物中包含有不少的烹饪原材料。

项目7 香辣虾火锅

学火锅认材料

原料：基围虾750克（1.5斤），专用炒虾酱50克，专用炒虾油1000克，

鸡精60克。

辅料：料酒25克，香叶2片，野山椒15克，小茴香3克，花椒15克，老姜15克，大蒜30克。

制作方法：

（1）虾洗净，去须，背部开刀去虾线。

（2）锅内下色拉油，烧至六七成热时，下虾，炸约1分钟，炸至外焦里嫩时捞出。

（3）另起锅，加色拉油烧至四成热，下蒜子炸透，下香辣油、泡椒，翻炒几秒后放入炸好的虾，加盐、白糖、鸡粉、花生碎、芝麻调味，翻炒均匀，装盘，撒香葱即可。

制作关键：

（1）制作香辣虾，选料是关键，虾必须新鲜，可用活明虾或基围虾，也可以选用冰鲜明虾。若选用冰鲜明虾，要用皮薄（皮厚的发黑）、虾脑少、肉饱满的，因为皮厚炸不酥，有虾脑的头易炸掉且太费油，而肉不饱满的炸出来发柴。

（2）选用冰鲜明虾时，解冻不当也会影响菜的质量。不要将虾暴露在空气中自然解冻，否则头部会发黑。正确的方法是将虾浸在水中，用流水小流量冲至化开。

（3）选用的泡椒肉要厚，颜色红亮，最好是子弹头泡椒，以保证菜的口味醇厚香辣。

（4）过油炸明虾时要控制好油温、油量。油量控制在虾量的4~5倍，油温以六七成热、微冒青烟为好。油温太高，容易将虾炸焦；油温太低，则虾皮炸不脆。炸至虾刚漂起来就捞出，时间不可太长。

（5）熬制香辣油时，不要用过多香味太浓的香料（如草果、肉蔻），突出香茅、孜然味。

一、节肢动物类原材料

节肢动物为动物界种类最多的一门，有许多种类是常用的烹饪原材料。

供食用的种类主要有甲壳纲的虾、蟹类及昆虫纲的少量昆虫。

甲壳纲烹饪原材料主要有十足目的虾和蟹。虾和蟹的肌肉均为横纹肌，色泽洁白，持水能力强，蛋白质含量高，脂肪含量低，矿物质和维生素的含量也较高，营养丰富。虾蟹类容易腐败变质。

对虾

对虾，又称中国对虾、斑节虾，营养丰富，且肉质松软，易消化，对身体虚弱以及病后需要调养的人是极好的食物。

虾中含有丰富的镁，镁对心脏活动具有重要的调节作用，能很好地保护心血管系统，减少血液中胆固醇含量，防止动脉硬化，同时还能扩张冠状动脉，有利于预防高血压及心肌梗死。

对虾体内很重要的一种物质就是虾青素，就是表面红颜色的成分，虾青素是目前发现的最强的一种抗氧化剂，颜色越深，说明虾青素含量越高。虾青素被广泛用在化妆品、食品添加剂以及药品中。

虾肉有补肾壮阳、通乳抗毒、养血固精、化瘀解毒、益气滋阳、通络止痛、开胃化痰等功效，适于肾虚阳痿、遗精早泄、乳汁不通、筋骨疼痛、手足抽搐、全身瘙痒、皮肤溃疡、身体虚弱和神经衰弱等病人食用。

虾含有比较丰富的蛋白质和钙等营养物质，忌与某些水果同吃。如果把它们与含有鞣酸的水果，如葡萄、石榴、山楂、柿子等同食，不仅会降低蛋白质的营养价值，而且鞣酸和钙离子结合形成不溶性结合物刺激肠胃，会引起人体不适，出现呕吐、头晕、恶心和腹痛腹泻等症状。海鲜与这些水果同吃至少应间隔 2 小时。

龙虾

龙虾，又名大虾、龙头虾、虾魁、海虾等。它头胸部较粗大，外壳坚硬，色彩斑斓，腹部短小，体长一般在 20~40 厘米之间，重 500 克上下，无螯，是虾类中最大的一类，最重的能达到 5 千克以上，人称龙虾虎。龙虾营养素种类与含量都不亚于畜禽肉，其所含的脂肪主要是由不饱和脂肪酸组成，宜于人体吸收。龙虾不仅肉洁白细嫩、味道鲜美、高蛋白、低脂肪、营养丰富，还有药用价值，能化痰止咳，促进手术后的伤口愈合。

龙虾肉是美味的食物，制法可以白灼、干酪焗，是中国名菜。中国南方沿海也经常用鲜活的龙虾切片后生吃，称为“刺身”。广式海鲜有“龙虾三吃”一说，即龙虾肉分别生吃和熟吃，用龙虾头和外壳熬粥。

基围虾

基围虾，软甲纲，对虾科，是重要的经济种，为人工养殖对象。

其营养丰富，肉质松软，易消化，对身体虚弱以及病后需要调养的人是极好的食物。虾中含有丰富的镁，能很好地保护心血管系统，可减少血液中胆固醇含量，防止动脉硬化，同时还能扩张冠状动脉，有利于预防高血压及心肌梗死。虾肉还有补肾壮阳、通乳抗毒、养血固精、化瘀解毒、益气滋阳、通络止痛、开胃化痰等功效。

虾蛄

虾蛄，又叫螳螂虾，中国沿海均有，南海种类最多，已发现 80 余种。中国不同地域的老百姓对于虾蛄的叫法不一，如虾爬子、爬虾、虾虎、虾婆、虾公、濑尿虾、撒尿虾、拉尿虾、虾狗弹、弹虾、富贵虾、琵琶

虾、花不来虫。

患过敏性鼻炎、支气管炎、反复发作性过敏性皮炎的人不宜吃虾；虾为痛风发物，患有皮肤疥癣者忌食。

色发红、身软、掉头的虾不新鲜，尽量不吃，腐败变质虾不可食。

虾蟹制品

1. 虾皮

虾皮是用海产的毛虾制成的干虾，因体小，肉质不明显称为虾皮。有生虾皮和熟虾皮。

以个大、体形完整、干燥、色泽微黄或发白、盐分少、无杂质者为好。虾皮味鲜香，常用作菜肴的增鲜配料，用于制馅、作汤和凉拌菜。

2. 虾米

虾米是用多种中小型虾经盐水煮、晒干、去头、去壳后的干制品。因其色红黄，形如钩，故又称金钩。有海米、湖米和钳子米。虾米的体形为前端粗圆、后端尖细的弯钩形，以大小均匀、体形完整、丰满坚硬、光洁无壳和附肢、盐度轻、干度足、鲜艳有光泽者为佳。虾米味道鲜美，具有很强的增鲜味作用，用开水浸泡至软即可入菜，适合炖、煮、烩、拌、炒，多用作菜肴的配料，也可作馅料以及火锅的增鲜原材料。

蟹粉

蟹粉是将体形较大的蟹煮熟后，拆取蟹肉、蟹黄干制而成。成品蟹粉色泽油黄，包含橘红色卵块和白色或灰白色的蟹肉。蟹粉味道鲜美，营养丰富，烹饪中可作菜肴的主料或配料，适用于炒、烩、扒、炖。

二、昆虫纲烹饪原材料及其制品

昆虫纲种类极多，我国可以食用的昆虫有 100 多种，是具有开发潜力的一类动物性原材料。

肉质特点：昆虫的肌肉一般与体壁或内突相连，为横纹肌，且肌肉数目很大，是高蛋白低脂肪、营养价值高的原材料，有些昆虫还是良好的保健食品或药材。

昆虫纲原材料的烹饪运用：可采用炸、煎、炒、蒸、煮、酱、卤等多种方法烹制。还可以加工成调味品、酒、保健饮料等。

昆虫纲烹饪原材料的主要品种：蚕蛹、蜂蛹、蝉、蚂蚁、豆虫、蚱蜢、龙虱。

三、软体动物类烹饪原材料

软体动物因大多数都有贝壳，所以又称贝类。有 5 个纲，其中，腹足纲、瓣鳃纲、头足纲中有部分动物可作烹饪原材料。

肉质特点：贝类原材料含水量大，中胚层结缔组织多，肉质细密脆嫩，脂质少，加热后水分损失较多，硬度一般都有所增加，但长期炖煮后，肉质又可回软。肌纤维之间含较多的热凝固蛋白，受热后肌纤维相互的接触力增强，也使原材料加热后硬度增加。

可采用快速加热的方式或生食，以突出其脆嫩的质感；亦可长时间炖、煮，以体现其软糯绵香；调味上，以清淡为主，从而突出其自身独特的鲜美风味。

软体动物类原材料品种：螺蛳、泥螺、红螺、香螺、鲍鱼、乌贼等。

四、棘皮动物类烹饪原材料

刺参

身体表面有肉刺，大多为黑灰色，体壁厚实而柔软，口感好，水发涨性大，质量较好。

光参

身体表面光滑无肉刺，或有平缓突起的肉疣，多为黄褐色或黑色，质量参差不齐。

体形饱满、质重、皮薄、肉壁肥厚、水发后涨性大、糯而爽滑、有弹性、无砂粒者为上品。肉壁瘦薄、水发涨性不大、做成菜肴后入口老韧或松泡酥烂、砂粒未尽者质差。已发好的海参，不宜选用发制过头或已腐烂、有苦涩味者。

烹饪中多以干品入馔，烹调前须经涨发。海参本身无显味，以其肉质细嫩、富有弹性、爽利滑润的特点取胜。烹制时多与其他鲜味原材料合烹，适于扒、烧、烩、煨、蒸、酿，为筵席大菜之一。此外，海参还可切成粒、末，作臊子或馅心用料，也常利用其色泽和独特的形状制作一些工艺菜肴。

海胆

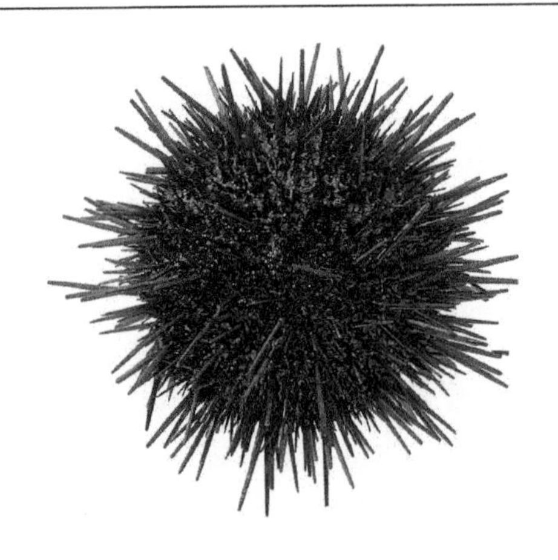

海胆一般生活在岩石的裂缝中，少数穴居泥沙中。常见的有马粪海胆、紫海胆和大连紫海胆等。海胆的可食部分为海胆黄，即雌性海胆的生殖腺。在生殖季节，雌性的生殖腺为黄色至深黄色，质地饱满，颗粒分明，品质最好。海胆可以生食，也可以熟食。生食时取新鲜海胆洗净，把腹面口部撬裂，露出海胆黄，用小匙舀出，直接食用。熟食时，可将洗净的海胆煮熟，蘸姜汁、醋、芥末等作料食用。也可取海胆黄与蛋类、肉类合炒，或氽汤，或拌上面粉油煎，还可与鸡蛋拌匀后放回海胆壳内蒸。另外，海胆黄可用盐和酒腌制成海胆酱，一般作高级调味性发酵食品用，既可生吃，也可熟吃，可用于拌小菜以及西餐调辅料等。

海蜇

海蜇体呈青蓝色，分伞部（蜇皮）和口腕部（蜇头）两部分。体壁由内外两层细胞及其间非细胞的中胶层构成。中胶层厚而硬，是蛋白质和黏多糖形成的凝胶，也是供食的主要部位。口腕八枚，各枚裂成许多瓣片。

品质鉴定：蜇皮以片张完整、破孔少、色白或淡黄、光泽鲜润、无泥沙、无红点、松脆适口、韧性不大者为上品；蜇头以肉杆完整、肉质坚厚、无泥沙、无异味者为佳。

蜇皮多直切成细丝，蜇头多批切成片。多凉拌入馔，可制成咸鲜、酸甜、麻辣、葱油等口味，作为筵席的凉菜；也可制成热菜。现在还有加工成真空包装或软罐头的即食海蜇。

单元3

调辅性原材料

调味原材料是指能提供和改善菜肴和面点味感的一类物质。

调味原材料在烹饪中虽然用量不大，却应用广泛，变化很大。在烹调过程中，调味原材料的呈味成分连同菜点主配料的呈味成分一起，共同形成了菜点的不同风味特色。

烹饪中用于调味的物质品种多，一般是按味别不同，分为单一调味料和复合调味料。单一调味料按味别分为以下五大类：咸味调味品、甜味调味品、酸味调味品、极鲜口味品和香辛味调味品。单一味的调料是调味的基础，我们必须了解其组成成分、风味特点、理化特性等知识，才能正确运用各类调味料，使之起到给菜点赋味、矫味和定味的作用。

一、15种神秘贵州辣椒蘸水正宗工艺

在贵州，把用辣椒做的多种佐餐调味料称为“蘸水”。蘸水，并不一定是液态的，可干可湿，可为酱，可为汁，可跟菜上桌，也可作为调料烹制菜肴，甚至可以直接成菜，类似北方所说的蘸料。贵州的辣椒蘸水辣而香，风味极其独特。当地人每餐离不了蘸水，每菜也离不了蘸水，外地人根本不敢相信贵州有一怪，辣椒蘸辣椒。在贵州，谁的蘸水做得好，谁的生意就会好。蘸水已成为贵州当地一大饮食特色。

常用到的贵州蘸水有十几种，地道做法并不难学。贵州蘸水的特点是放料自由、投料时间随意，不同菜肴有不同的蘸水，同一菜肴又要求用多种不同的蘸水。

贵州的辣椒蘸水主要有干辣椒蘸水和鲜辣椒（糟辣椒）蘸水两种，而以干辣椒蘸水最为多见。干辣椒蘸水又分为油辣椒蘸水和煳辣椒蘸水两大类。

干辣椒的制作：干辣椒是由贵州花溪二金条辣椒晒蔫后风干（或农村用炉子烘干）而成的。一般的干辣椒为棕红色，表皮有油质，发光滑亮者为最佳。如颜色较深，则一定有烟熏味，是用火熏烤至干的。

糍粑辣椒的制作：将干辣椒加冷水，大火烧开 10 分钟，捞出，沥干水分，用石钵舂成蓉状即成。因其状态像蒸熟的糕粑饭、糍粑饭，所以得名糍粑辣椒。大批量生产糍粑辣椒时，再用石钵舂就太麻烦了，可以用粉碎机打碎。制作时也可加适量大蒜和老姜，比例为 5 千克干辣椒、500 克大蒜、500 克老姜，一起用石钵舂成蓉即可。糍粑辣椒可以用来制作其他蘸水，也可加盐后直接成为糍粑辣椒蘸水。

糍粑辣椒多为现做现用，不适合长时间储藏。可放入密封容器中，入冰箱 6~10℃保鲜（温度不可过高，过高易酸败；也不可过低，接近冷冻点会脱水）。可保存 3~5 天。

油辣椒（蘸水）

制作：净锅中加入菜籽油（冷油），加入糍粑辣椒，以油没过辣椒为宜（比例约为 500 克糍粑辣椒、1000 克菜籽油），大火迅速升温至七八成热，转小火慢慢熬 30 分钟，至辣椒九成熟即可（如果炒菜用，则应保持辣椒七成熟）。

用途：可直接做蘸水用于各种贵州菜，也可与其他配料合制成不同口味的蘸水，也可下酒。

肉末油辣椒（蘸水）

制作：500 克油辣椒、9 克盐、500 克肉末（以猪肉末居多，也可选用动物原料）、1000 克菜籽油，小火慢慢加热，烧至六成热时改小火，加热 30~40 分钟至油辣椒与肉末相融合、颜色深棕红色，嗅到香味即可。

用途：制作素豆花。

香油辣椒（蘸水）

制作：500 克油辣椒、10 克盐、50 克熟芝麻、150 克花生碎、150 克香菜末、150 克香葱花，调和均匀即成。

用途：适合拌素菜和用于火锅蘸料。

鸡辣角（蘸水）

制作：将仔公鸡剁成蚕豆大小的粒，500 克鸡肉粒、1000 克糍粑辣椒、2500 克菜籽油，大火烧至六成热时改小火，加热 30~40 分钟至辣椒与鸡肉粒相融合，颜色深棕红色，约八成热时即可关火，余温可使鸡粒完全成熟。油温九成时，辣椒会焦，6 成热以下辣椒才会油润。

用途：适合凉拌菜，也可单独成菜，贵州民间较喜欢吃鸡辣角一菜。

香菇油辣椒（蘸水）

制作：500 克油辣椒、250 克香菇末，小火加热至香菇末与辣椒相融合，成熟出香即可。依此做法，加入不同的原料即成不同味型的油辣椒蘸水。

用途：拌菜。

麻辣干油（蘸水）

制作：500 克干油辣椒、盐、200 克花椒粉，调和均匀即成。

用途：各种火锅蘸料，拌各种蔬菜。

干油辣椒（蘸水）

制作：用少许菜籽油润锅后倒出余油，下入 500 克干辣椒，小火慢炒，边炒边加菜籽油，每次加 5 克，保持辣椒不煳，但不可见油，至辣椒酥脆为止，用石钵舂碎即成。

用途：各种火锅蘸料。

五香面干油辣椒（蘸水）

制作：500 克干油辣椒、200 克五香面粉，调和均匀即成。

用途：各种火锅蘸料。

素辣椒（蘸水）

制作：200 克煳辣椒、5 克盐、10 克鸡粉、50 克腐乳、10 克葱花、10 克香菜末，调和均匀，食用时舀入所要蘸食的菜汤或者白开水（如做火锅蘸水，可舀入少许火锅汤；如做素菜蘸水，可舀入少许的蔬菜汤）即成。因全素无油，所以又被称做素辣椒蘸水，是常用蘸水，味酸辣，爽口清新，辣椒质脆，回口煳香。

用途：可用做素菜、荤菜的蘸水。传统名菜金钩挂玉牌、酸菜小豆汤（一定要加木姜籽粉或油）等必有此蘸水。

水豆豉（蘸水）

制作：500 克瓶装水豆豉、150 克煳辣椒、5 克盐、3 克酱油、5 克木姜籽油、50 克姜米、50 克蒜泥、50 克葱花，调和均匀旧成。也可根据客人口味加入适量香菜末。水豆豉蘸水咸鲜豉香，煳辣清爽。

用途：素菜和荤菜蘸水的佳品。

烧青椒（蘸水）

制作：将青椒（可以是辣的青椒，也可以是不辣的青椒）在火上烧焦，至外面起黑皮、青椒熟透，将黑皮去掉，洗净青椒肉，剁碎成烧青椒酱。将毛辣角（番茄、西红柿）以同样的方法制成烧毛辣角酱。再将 500 克烧青椒、150 克烧毛辣角、5 克盐、3 克酱油、2 克味精、20 克醋、2 克姜米、20 克蒜泥、20 克葱花，调和而成烧青椒蘸水。如果是不辣的青辣椒，可再加入 100 克煳辣椒面增加辣度。还可以根据客人口味需要加入木姜籽粉或油、香菜末、芹菜末、侧耳根末、苦蒜末等。

用途：适于煮豆腐、炖菜等的蘸水和拌烧茄子、佐饭等。如将烧青辣椒切成颗粒后加盐，可直接成菜，风味独特。

花江狗肉（蘸水）

制作：500克煳辣椒面、50克小茴香粉、20克八角粉、10克白芷粉、10克砂仁粉、50克花椒粉、50克白熟芝麻粉、80克酥花生、30克酥黄豆、30克沙姜粉、500克狗肉香（野薄荷）、200克姜末、200克葱花、200克蒜蓉，调和均匀，食用时冲入热的狗油（做法同猪油）烫香，舀入狗肉原汤即成。此蘸汁辣香可口，味道特别。

用途：为花江狗肉专用蘸水，必须重用野薄荷。

酥黄豆的制法：将生黄豆放入冷油中，待油温升至七成热时黄豆开始爆裂，马上捞出后晒开，余油温即可使之成熟酥脆。酥花生的制作法相同。

酸汤鱼（蘸水）

制作：500克煳辣椒面、5克盐、50克腐乳、5克木姜籽油、15克酥黄豆、5克脆臊末（猪油渣末）、4克味精、150克姜米、150克蒜末、150克葱花、150克折耳根碎，将前七种原料调和均匀，分放在各个小碗里，将后四种原料分别撒放在各碗中，上桌。食用前舀入煮酸汤鱼的原汤即成酸汤鱼蘸水，其辣香味较浓。

用途：为酸汤鱼专用蘸水，可加木姜花，风味浓郁。

恋爱豆腐果（蘸水）

制作：500克煳辣椒面、10克精盐、500克酱油、250克醋、8克味精、100克姜米、100克蒜泥、250克葱花、300克折耳根碎、350克香菜末，调和均匀即成。其辣香酸鲜，香味浓郁。

用途：专门适于做臭豆腐蘸水。

糟辣椒（蘸水）

制作：挑选优质的鲜红辣椒，以颜色红亮的二金条辣椒为最佳，将辣椒去根、洗净，50 千克鲜红辣椒、2500 克老姜、2500 克大蒜、600 克盐，一起放入大木桶中，用特制刀剁成碎（此时加入盐），放入菜坛中密封腌制三个月后即成糟辣椒。腌制时间越久，味道越香浓。再将 500 克糟辣椒、1200 克熟菜籽油。小火慢慢烤干糟辣椒中的水分至香味浓烈时，加入姜末 50 克、蒜泥 50 克，继续加热至熟透，分放入小碗中，再撒入少许葱花即可上桌。糟辣椒蘸水辣椒脆爽、清新微酸。

用途：适合做酸汤鱼、拌毛肚，也可用来做泡菜（常用来做泡萝卜）、炖菜的蘸水，还可以佐饭。

二、咸味调味品

咸味是一种非常重要的基本味，它在调味中有着举足轻重的作用，人们常称之为“百味之王”。咸味一般来自于食盐。烹饪中，除了部分面点外，不用食盐的菜点几乎是没有的，而且大部分复合味型也必须在咸味的基础上配制。

烹饪中常用的咸味调味品有食盐和发酵性咸味调味品。

食盐

食盐是以 NaCl 为主要成分的普通盐。

食盐在烹饪中的作用：为菜肴赋予基本的咸味；少量加入食盐有助酸、助甜和提鲜的作用；提高蛋白质的水化作用；利用其产生高低不同的渗透压，来改变原材料质感，帮助入味，防止原材料腐败变质。

【食盐的主要品种】

海盐：以海水为原材料，用煎煮法或日晒法制成。历史上，是刮取经海水浸渍的咸土（灰、沙），淋制卤水，用锅煎盐制成。现在普遍采用日晒法，即在涨潮时将海水引入盐田，利用日晒风吹，使海水蒸发浓缩结晶成盐。

井盐：通过打井的方式抽取地下卤水（天然形成或盐矿注水后生成）制成的盐就叫井盐，生产井盐的竖井就叫盐井。

池盐：因池盐呈颗粒状，人们也称“颗盐”。池盐颗粒大，色洁白，质地纯净，含芒硝和镁元素较多，不但可供人食用，且是化学工业、轻工业和制药工业的重要原材料。用池盐腌制的酱菜，色正味美，久存不腐。

【营养盐常见品种】

碘盐：指含有碘酸钾和氯化钠的盐。

加锌盐：指加入微量元素锌的食盐。锌是人体必需的微量元素中较重要的一种，食用加锌盐可以预防青少年和儿童缺锌，提高人类健康水平。

酱油

酱油有酿造酱油、化学酱油。

酱油在烹调中具有为菜肴确定咸味、增加其鲜味的作用，还可增色、增香、去腥解腻，多用于冷菜调味和热菜的烧、烩、煎、炸等。

酱油在菜点中的用量受两个因素的制约，菜点的咸度和色泽，还由于加热中会发生增色反应，因此，一般色深、汁浓、味鲜的酱油用于冷菜和上色菜；色浅、汁清、味醇的酱油多用于加热烹调。另外，由于加热时间过长，会使酱油颜色变黑，所以，长时间加热的菜肴不宜使用酱油，而可用糖色等增色。

酱

酱是以富含蛋白质的豆类和富含淀粉的谷类及其副产品为主要原材料，在微生物酶的作用下发酵而成的糊状调味品。除作为菜肴的调料，酱还是食用的必备佐料，并且还用于酱肉、酱菜等制品的制作。主要品种有豆酱（黄豆酱、蚕豆酱、杂豆酱）、面酱（小麦酱、杂面酱）和复合酱。

三、甜味调味品

甜味是一种基本味感，除了作调味品外，还能提供机体的能量来源，并且具有特殊的生理作用——饱胃感。

呈现甜味的物质除了单双糖外，还有糖醇、氨基酸、肽及人工合成的物质，此外还有某些植物中含有的天然甜味素，如甘草糖、甜叶菊糖以及人工合成物如糖精等。

各种甜味调味品混合，有互相提高甜度的作用，适当加入甜味调味品，可降低酸味、苦味和咸味。甜味的强弱也与甜味剂所处的温度有很大关系，温度高，则甜味强。另外，改变温度可使甜味剂的物理性状改变，出现黏稠光亮的液体，甚至于焦糖化，用于增加菜肴的光泽和着色。

甜味调味品主要有食糖、糖浆、蜂蜜和糖精。

红糖

红糖为禾本科草本植物甘蔗的茎经压榨取汁炼制而成的赤色结晶体，有丰富的糖分、矿物质及甘醇酸。

赤砂糖

赤砂糖呈棕红色或黄褐色，甜而略带糖蜜味，无明显黑点。赤砂糖是工业化生产而得到的带蜜糖，是红糖的一种，也是市场上主要的红糖产品。它除了具备碳水化合物的功用可以提供热能外，还含有微量元素，如铁、铬和其他矿物质等。虽然其貌不扬，但营养价值却比白糖、砂糖高得多。赤砂糖在人们的日常膳食中也是必不可少的调味品之一，它是从甘蔗中提取的（甜菜中不能生产赤砂糖或红糖，仅能生产白砂糖或原糖），是工业化生产白砂糖的附属产品。赤砂糖晶粒较大，晶面明显，色泽有红褐、赤红、青褐、黄褐等，食时有浓甜的糖蜜味，含有一定量的水分和还原糖。南方人喜欢浅颜色的赤砂糖，北方人喜欢深颜色的赤砂糖。

白砂糖

白砂糖是食糖的一种，其颗粒为结晶状，均匀，颜色洁白，甜味纯正，甜度稍低于红糖，适于烹调和饮用。

绵白糖

绵白糖，简称绵糖，也叫白糖，是我国人民比较喜欢的一种食用糖。绵白糖有精制绵白糖和土法制的绵白糖两种。前者色泽洁白，晶粒细软，质量较好；后者色泽微黄稍暗，质量较差。它质地绵软、细腻，结晶颗粒细小，在生产过程中喷入了 2.5% 左右的转化糖浆。而白砂糖的主要成分是蔗糖，故绵白糖的纯度不如白砂糖高。

冰糖

冰糖是砂糖的结晶再制品。自然生成的冰糖有白色、微黄、淡灰等色，市场上还有添加食用色素的各类彩色冰糖（主要用于出口），比如绿色、蓝色、橙色、微红、深红等多种颜色。由于其结晶如冰状，故名冰糖。

冰糖可以增加甜度，它还是和菊花、枸杞、山楂、红枣等配合的极好调味料。冰糖品质纯正，不易变质，除可作糖果食用外，还可用于高级食品甜味剂，配制药品浸渍酒类和滋补佐药等。一般人群均可食用，但糖尿病患者忌食。

冰糖是制作菜肴、面点、小吃等常用的甜味调味品，具有和味的作用。在腌制肉时加入冰糖，可减轻加盐脱水所致的老韧度，保持肉类制品的嫩度。利用糖在不同温度下的变化，可用于制作挂霜、拔丝菜肴、琉璃类菜肴以及一些亮浆菜点，还可利用糖的焦糖化反应制作糖色为菜点上色。在发酵面团中加入适量的糖，可促进发酵，产生良好的发酵作用。此外，利用高浓度的糖溶液对微生物的抑制和致死作用，可保存原材料。

糖浆

糖浆是淀粉不完全糖化的产物，或是由一种糖转化为另一种糖时所形成的黏稠液体或水溶液的甜味调味品。常见的有饴糖、淀粉糖浆和葡萄糖浆等。

糖浆类的共同特性表现为具有良好的持水性（吸湿性）、上色性和不易结晶性。

糖浆可作甜味调味品，由于溶解性很好，使用很方便。也常用于给烧烤类菜肴上色，刷上糖浆的原材料经烤制后色红润泽，甜香味美，如烧烤乳猪、烤鸭、叉烧肉等。此外，糖浆还经常被用于糕点、面包、蜜饯等的制作中，起上色、保持柔软、增甜等作用。须注意的是，酥点制作一般不用糖浆，否则会影响其酥脆性。

蜂蜜

蜂蜜是由工蜂采集植物的花蜜或分泌物，经酿造而成的黏稠状物质。主要成分是葡萄糖、果糖等糖类，还含有一定量的含氮物质、矿物质以及有机酸、维生素和来自蜜蜂消化道中的多种酶类，是营养丰富且具有良好风味的天然果葡糖浆，有益补润燥、调理脾胃等功效。

由于果糖、葡萄糖有很大的吸湿性，所以蜂蜜常用于糕点制作中，使成品松软爽口，质地均匀，不易翻硬，富有弹性，而且有增白的作用。蜂蜜也可用于蜜汁菜肴的制作中，以产生独特的风味，如蜜汁湘莲、蜜汁藕片、蜜汁银杏。此外，可将蜂蜜直接抹在面包、馒头等面点上食用。

糖精

糖精是从煤焦油里提炼出来的甲苯，经碘化、氯化、氧化、氨化、结晶脱水等化学反应后人工合成的一种无营养价值的甜味剂。糖精本身并无甜味，而有苦味，其甜味产生于钠盐在水中溶解后形成的阴离子。我国规定的食物中使用糖精的最大添加量是 0.15 克 / 千克。婴幼儿的主食和面点中不应加入糖精。使用糖精时，应避免长时间加热，并避免用于酸性食物中，因为在这种情况下会产生苦味。

近几年来，由于食品加工技术的不断发展，新糖源不断产生并应用于食品生产和烹饪制作中，如甜叶菊糖、天冬甜味剂、甜蜜素等。

四、酸味调味品

酸味是一种基本味，自然界的酸性物质大多数来自于植物性原材料。酸味主要是由于酸味物质分离出氢离子刺激味觉神经而产生的。

酸味是构成多种复合味的基本味，加入适量调味品，可使甜味缓和、咸味减弱、辣味降低。

在烹调中常用的酸味调味品有食醋、柠檬汁、番茄酱、草莓酱、山楂酱、木瓜酱、酸菜汁等。

食醋

食醋是饮食生活中常用的一种液体酸味调味品，距今已有 3400 多年的酿造历史，品种甚多。不论是烹制醋熘类、糖醋类、酸辣类等菜肴，还是食用小笼汤包、水饺、凉面等，均可使用食醋。

根据制作方法不同，一般将食醋分为发酵醋和合成醋两类。

食醋在烹调中可起赋酸、增鲜香、去腥臊的作用，是调制酸辣、糖醋、鱼香等复合味型的重要原材料。

番茄酱

番茄酱是烹饪中常用的一种酸味调味品，它是将成熟的番茄经破碎、打浆、去除皮和籽等粗硬物质后，经浓缩、装罐、杀菌而成。

番茄酱色泽红艳、味酸甜。

番茄酱的风味介于糖醋和荔枝味之间，除直接用于佐餐外，烹饪中主要用于调制甜酸味浓的菜肴，突出其色泽和特殊的风味，使菜肴甜酸醇正而爽口，如茄汁味菜肴。

柠檬酸

柠檬酸广泛存在于多种植物的果实中，以未成熟带酸味的果实含量较多，如葡萄、柑橘、柠檬、莓类、桃类等，尤其以柠檬中的含量最多。除直接来自于天然果实外，柠檬酸还可通过化学方法合成或用微生物生产。它常被用于糖果、饮料的配制中，在西餐制作中也是重要的酸味剂，近年来，在中餐烹调中也有应用。柠檬酸具有保色的作用，从而突出主料的色泽，它还可使菜肴的酸味柔和而可口，入口圆润滋美，增加独特的果酸味，并能补充番茄酱酸味不足，维生素C损失和植物原材料褐变。此外，在熬糖时加入柠檬酸，可充当还原剂，增加糖的转化量，使糖浆不易翻砂，还可中和面团、面浆的碱性。

五、鲜味调味品

鲜味物质广泛存在于动植物原材料中，如畜肉、禽肉、鱼肉、虾、蟹、贝类、海带、豆类、菌类等。鲜味不能独立成味，须在咸味的基础上才能体现。

烹调中，常用的鲜味调味品有从植物性原材料中提取的或利用微生物发酵产生的，主要有味精、蘑菇浸膏、素汤、香菇粉、腐乳汁、笋油、菌油等；有利用动物性原材料生产的鸡精、牛肉精、肉汤、蚝油、虾油、蛏油、鱼露、海胆酱等。除普通味精为单一鲜味物质组成外，其他鲜味调味品基本上都是由多种呈现物质组成，所以鲜味浓厚，回味悠长。

味精

味精的品种较多，一般将其分为四大类，即普通味精、强力味精、

复合味精和营养强化味精。

味精是现代中餐烹调中应用最广的鲜味调味品，可以增进菜肴本味，促进菜肴产生鲜美滋味，增进人们的食欲，有助于对食物的消化吸收。它还可起缓解咸味、酸味和苦味的作用，减少菜肴的某些异味。

为使味精鲜味醇正，烹调时应注意用量、投放时间、温度以及酸碱环境中其呈鲜力的大小。

高级汤料（高汤）

高汤是以富含呈鲜物质的鸡、鸭、猪、牛、羊、火腿、干贝、香菇等原材料精心熬制的汤料。根据熬制方法的不同，可将高汤分为清汤和奶汤。

清汤是一种清澈、咸鲜爽口的高级汤料，常用于高级筵席的烧、烩或汤菜中，如开水白菜、口蘑肝膏汤、竹荪鸽蛋、清汤浮元等。

奶汤是一种汤白如奶、鲜香味浓的乳状汤料，常用于高级筵席奶汤菜肴的制作，如奶汤鱼肚、奶汤鲍鱼、白汁菜心等。

六、香辛味调味品

香辛味调味品常简称为香辛料，是指烹调中使用的具有特殊香气或刺激性成分的调味物质。它有着赋香增香、去腥除异、增添麻辣、抑菌杀菌的作用，有的还具有赋色、防止氧化的功能。

香辛料的香辛味主要来源于其所含的一些挥发性成分，包括醇、酮、酚、醚、醛、酯、萜、烃及其衍生物。

在烹饪中使用香辛料主要是用以改善和增加菜点的香气，或掩盖原材料中的腥、膻等不良气味，使菜点获得较好的香气，令人产生愉快感，增进进餐者的食欲。香辛料可单独使用，也可混合使用。

（一）香辛味调味品的分类

根据香辛料在烹调中所起的作用不同，将其分为两大类：即麻辣味调味品和香味调味品。

麻辣味调味品是以提供麻辣味为主的香辛料，如辣椒、豆瓣酱、花椒、胡椒、咖喱粉、芥末粉等，同时具有增香增色、去腥除异的作用。

香味调味品是以增香为主的香辛料，又简称香料。根据香型不同，又分为：

（1）芳香类：是香味的主要来源，味道醇正，芳香浓郁，如八角、小茴香、桂皮、丁香、芝麻油等。

（2）苦香类：为香中带苦的香辛料，如陈皮、豆蔻、草果、茶叶、苦杏仁等。

（3）酒香类：为具有浓郁醇香的香辛料，如黄酒、香糟、果酒等。

大、小茴香

大茴香，即八角，又称大料，是八角茴香科八角属的一种植物。其同名的干燥果实是中国菜和东南亚地区烹饪的调味料之一。

大、小茴香都是常用的调料，是烧鱼炖肉、制作卤制食品时的必用之品。因它们能除肉中臭气，使之重新添香，故曰“茴香”。它们所含的主要成分都是茴香油，能刺激胃肠神经，促进消化液分泌，增加胃肠蠕动，排除积存的气体，所以有健胃、行气的功效。

桂皮

桂皮，学名柴桂，又称肉桂、官桂或香桂，为樟科、樟属植物天竺桂、阴香、细叶香桂、肉桂或川桂等树皮的通称，是最早被人类使用的香料之一。本品为常用中药，又为食品香料或烹饪调料。商品桂皮的原植物比较复杂，约有十余种，均为樟科樟属植物。各品种在西方古代被用作香料，中餐里用它给卤肉调味，是五香粉的成分之一。中国广东、福建、浙江、四川等省均产。

芝麻油

芝麻油，即香油，是从芝麻中提炼出来的，具有特别香味，故称为香油。按榨取方法一般分为机榨香油和小磨香油，小磨香油为传统工艺香油。

苦香类

陈皮

陈皮，别名橘皮、贵老、红皮、黄橘皮、广橘皮、新会皮、柑皮、广陈皮，为芸香科植物橘及其栽培变种的成熟果皮。属常绿小乔木或灌木，栽培于丘陵、低山地带、江河湖泊沿岸或平原，分布于长江以南各地区。10~12 月果实成熟时，摘下果实，剥取果皮，阴干或通风干燥而成。

豆蔻

豆蔻属多年生常绿草本植物，产于岭南，海南、云南、广西有栽培，原产于印度尼西亚。高丈许，外形像芭蕉，叶大，披针形，花淡黄色，秋季结实，果实扁球形，种子像石榴籽，可入药，有香味。

草果

草果是姜科豆蔻属植物,别名草果仁、草果子。茎丛生,高可达 3 米,全株有辛香气，地下部分略似生姜。叶片长椭圆形或长圆形。种子多角形，有浓郁香味。花期 4~6 月，果期 9~12 月。成长在热带、亚热带的丛林潮湿的林中地带，人工栽培以云南为主。其干燥的果实被用作中餐调味料和中草药。有特异香气，味辛、微苦。

苦杏仁

苦杏仁，别名杏仁，为蔷薇科植物，夏季采收成熟果实，除去果肉

及核壳，取出种子，晒干。能止咳平喘，润肠通便。主产内蒙古、吉林、辽宁、河北、山西、陕西。杏仁分为甜杏仁及苦杏仁两种。我国南方产的杏仁属于甜杏仁（又名南杏仁），味道微甜、细腻，多用于食用，还可作为原材料加入蛋糕、曲奇和菜肴中。

黄酒

黄酒是中国的民族特产，属于酿造酒，是一种以稻米为原材料酿制成的粮食酒，在世界三大酿造酒（黄酒、葡萄酒和啤酒）中占有重要的一席。其酿酒技术独树一帜，是中国酿造界的典型代表。以浙江绍兴黄酒为代表的麦曲稻米酒是历史最悠久、最有代表性的黄酒产品。不同于白酒，黄酒没有经过蒸馏，酒精含量低于 20%。不同种类的黄酒颜色亦呈现出不同的米色、黄褐色或红棕色。山东即墨老酒和河南双黄酒是北方粟米黄酒的典型代表，福建龙岩沉缸酒、福建老酒是红曲稻米黄酒的典型代表。

香糟

香糟产于杭州、绍兴及福建闽清一带，是用小麦和糯米加曲发酵而成。含酒精 13%~18%。新货色白，香味不浓。经过陈放后变熟，色黄甚至微变红，香味浓郁。应存于干燥阴凉处，防止日晒雨淋。

果酒

果酒是用水果本身的糖分被酵母菌发酵成为酒精的酒，含有水果的风味。民间的家庭时常会自酿一些水果酒来饮用，如黄果酒，葡萄酒等。因为这些水果表皮会有一些野生的酵母，加上一些蔗糖，不需要额外添加酵母也能有一些发酵作用。但民间传统做酒的方法往往旷日费时，也容易被污染，所以外加一些活性酵母是快速酿造水果酒的理想方法。

（二）香辛味调味品的使用原则

（1）根据香辛料香味的浓郁程度来确定用量。

（2）由于香味调料之间有香味相乘的作用，所以混合使用比单独使用的效果好，但有时也会产生相杀作用。

（3）用一些小颗粒的香辛料时，为了不影响菜肴的美观，应用纱布或香料球包裹后使用。

（4）根据菜肴的不同情况灵活选择运用形式。

（5）香辛料最常用于抑制、消除动物性原材料的腥臭味，有时也用于植物性原材料的增香赋味。

（三）香辛味调味品的常见种类

麻、辣味在烹饪中不能单独使用，须与其他诸味配合才能发挥作用。

辣味的呈味物质主要有辣椒碱、椒脂碱、姜黄酮、姜辛素及大蒜素等。辣味分热辣味（主要作用于口腔，如辣椒、大蒜的辣味）和辛辣味（不但作用于口腔，还作用于鼻腔，如芥末、辣根、大葱等）。麻味成分主要是山椒素，以花椒为代表。此外，产于法国、西班牙的麝香草的种子也有麻味。

辣椒

辣椒是世界性的一种辣味调料，运用形式有干辣椒、辣椒面、辣椒油、辣椒酱及泡辣椒等。

辣椒在烹调中具有为菜肴增色、提辣、增香的作用，常用于调制多种复合味型，如红油味、煳辣味、鱼香味、家常味。单独使用时以多种形式用在炝、炒、烧、炸收、蒸、拌等菜肴中，起增色、增香和赋辣的作用。

胡椒

胡椒分白胡椒和黑胡椒两类。有整粒、碎粒和粉状三种使用形式。由于种子坚硬，粒状的胡椒多压碎后用于煮、炖、卤等烹制方法中，更多的是加工成胡椒粉运用。适用于咸鲜或清香类菜肴、汤羹、面点、小吃中，起增辣、去异、增香鲜的作用。

花椒

花椒又称大椒、川椒、汉椒，属芸香科植物。用作调料的部分是其成熟果实或未成熟的果实，有的还用花椒叶作调味品。

生花椒味麻且辣，炒熟后香味才能溢出。在烹调中花椒起去异增香、增麻味的作用，是制备麻辣味、椒麻味、椒盐味、葱椒味的主要调味料。

花椒颗粒常用于炒、烧、炝、炖、卤等烹调方法中。

香味调味品

香味调味品是指用来增加菜肴香味的各种香气浓厚的调味品，而且具有压异、矫味的作用。香味主要来源于挥发性的芳香醇、芳香醛、芳香酮、芳香醚及酯类、萜类等化合物。

（1）芳香类调味品：八角茴香、小茴香、肉桂、丁香、孜然、高良姜、咖喱、玫瑰花、桂花、芝麻及其制品等。

（2）苦香类调味品：草果、陈皮、白豆蔻、草豆蔻、肉豆蔻、砂仁、山萘、茶叶、苦豆等。

（3）酒香类调味品：黄酒、白兰地、料酒、白酒、啤酒、红酒等。在烹调中，有去腥除异、消毒杀菌、助味渗透、和味增香及增色的作用。

使用料酒时用量应适当，以免压抑主味、留下大量酒味。料酒在烹调中的作用不同，其加入的时机不同。如烹制前码味时加入，主要是去腥除膻、帮助味的渗透；烹制之中加入，主要是为菜肴增色和增香；放入芡汁中起锅时加入，主要是为了增加醇香。

辅助原材料是一类特殊烹饪原材料，可使烹调工艺顺利进行，形成菜点特有的质地、色泽，在烹饪中具有重要的地位和作用。烹饪常用的辅助原材料有水、食用油脂以及各种食品添加剂。

项目8 咖喱火锅

学火锅认材料

主料：羊肉、牛肉、虾。

辅料：洋葱、胡萝卜、土豆。

调料：姜、盐、蒜、黄油、咖喱、高汤。

制作过程：

（1）原材料初加工：洋葱、胡萝卜、土豆切块待用，姜、蒜切片待用，羊肉、牛肉切片，虾去除虾线待用。

（2）锅内放入黄油，待融化后放入洋葱、姜、蒜一起炒香，加入高汤，放入咖喱酱和咖喱块。

（3）待鲜汤烧开后依次放入原材料即可食用。

一、烹调用水

烹调用水是使烹饪工艺顺利进行的不可缺少的物质之一。

1. 水的性质

水具有高沸点、高溶解热、高蒸发热、低蒸汽压的特点。其与烹调有关的性质表现为以下几个方面：

（1）水的比热容。水的比热容大，烹饪中广泛作为传热介质，如煮、烫、氽以及冷漂等能使烹调原料快速降温等烹调形式。

（2）水的汽化热和溶解热。水发生汽化或冷凝时，可吸收或放出大量的热量。烹调时，热蒸汽常用于传热。在冰块融化时，可以吸收食物释放出的热量而使其降温，达到冷藏和冰镇食物的目的。

（3）水的溶解性。许多物质能很好地溶于水中，即使某些不溶于水的物质，如脂肪和某些蛋白质，也可分散在水中形成胶体溶液或乳浊液。

（4）水的温度。可以根据食品降温或保藏要求，调节不同水温。

2. 水在烹调中的作用

（1）烹调中最常用的传热介质。

（2）烹调中最主要的溶剂和分散稀释剂。

（3）构成菜肴的成分。

（4）影响菜肴质感。

（5）护色。

（6）有利于发酵正常进行。

二、食用油脂

食用油脂是指能供烹饪使用的各种植物油、动物脂及其再制品的统称。油脂对于菜点的色香味和形态的形成起着重要的作用，是各种油烹法必需的原材料。

1. 食用油脂在烹饪中的作用

（1）作为传热媒介。

（2）调节菜肴质感。

（3）作为色香调料使用。

（4）作为面点配料。

（5）作为烹调的润滑剂。

另外，油脂在保温、原材料涨发、保色等方面也具有较大的作用。

2. 食用油脂的主要品种

按其来源，可分为植物油脂和动物油脂两大类；按其熔点的高低，可分为液体油脂和固体油脂两大类；按其加工方法和加工程度，分为毛油、精炼油、油脂再制品等各种等级脂。

（1）食用植物油：豆油、菜油、花生油、橄榄油、葵花油、芝麻油等。

（2）食用动物油脂：猪油、牛油、鸡油、奶油等。

（3）再制油脂：人造奶油、人造起酥油、色拉油。

三、食用色素

食用色素是以食品着色为目的的食品添加剂，使食品具有鲜艳、自然的色彩，对增进食欲、提高食品品质有重要意义。食用色素按其来源和性质，可分为食用天然色素和合成色素两大类。

1. 天然色素

食用天然色素主要是指由生物组织中提取的色素。如胡萝卜素、叶绿素、姜黄等植物色素，红曲色素、核黄素等微生物色素，虫胶色素等动物色素。

天然食用色素大多来自于动植物组织,其中不少是传统的饮食成分，在食品中使用安全性较高。有的天然色素本身就有一定营养价值及药理作用，着色色调自然，能较好模仿天然食物的颜色。常用天然食用色素主要品种有红曲米及红曲色素、叶绿素及叶绿素铜钠、焦糖、姜黄及姜黄素、甜菜红、紫胶红色素等。

2. 合成色素

食用合成色素属人工合成色素，一般较天然色素色彩鲜艳，坚牢度大，性质稳定，着色力强，且可取得任意色调，成本低廉，使用方便，在烹饪中使用日益增多。但合成色素很多属于煤焦油染料，不仅无营养价值，而且超过规定用量会对人体造成伤害，故在使用时对允许添加的种类和用量都有严格规定。

常用食用合成色素主要有苋菜红、胭脂红、柠檬黄、靛蓝等。

四、凝胶剂

凝胶剂又称增稠剂，是改善食品组织状态的添加剂，可增加食品黏度，赋予食品黏滑适口的口感，增加食品的稳定性，还可以按照菜肴的要求形成胶冻。

在使用增稠剂时，为使风味协调，同时防止植物性原材料（如菠萝等）中含有的蛋白酶将明胶等动物性增稠剂分解掉，降低凝胶作用，宜选用植物性增稠剂。动物性原材料宜选用动物性增稠剂。

植物凝胶剂

淀粉

淀粉常用于原材料上浆、挂糊、拍粉及菜肴的勾芡以及茸、泥、丸等工艺菜的黏结成型。它可提高菜肴的吸水、保水能力，保护菜肴的营养成分，增加菜肴光泽或色泽，并结合烹调温度的作用赋予菜肴或柔嫩或酥脆的质感。它还常被作为面粉的填充剂，在制作酥类糕点时可降低面筋膨润度，降低成品收缩变形程度，令制品酥、松、脆。

质量好的淀粉纯度高，杂质少，色泽洁白，吸水率高，胀性大，黏性强，能长时间保持菜肴的形态，富有光泽。

淀粉应存放于通风干燥处，注意防潮防霉，避免阳光直晒。

淀粉的主要品种有绿豆淀粉、豌豆淀粉、马铃薯淀粉、玉米淀粉、甘薯淀粉。

（1）绿豆淀粉：绿豆淀粉是由绿豆用水浸涨磨碎后沉淀而成的。其特点是黏性足，吸水性小，色洁白而有光泽。它具有抗菌抑菌作用、降血脂作用、抗肿瘤作用、解毒作用等，营养价值非常高，用途也非常广。

（2）豌豆淀粉：豌豆淀粉可以看作是葡萄糖的高聚体。豌豆淀粉除食用外，工业上用于制糊精、麦芽糖、葡萄糖、酒精灯，也用于调制印花浆、纺织品的上浆、纸张的上胶、药物片剂的压制等。它可由玉米、甘薯、野生橡子和葛根等含淀粉的物质中提取而得。

（3）马铃薯淀粉：马铃薯淀粉是将土豆（包括土豆皮）煮熟后，干燥并精细磨碎而成。它被用作增稠剂，用于勾芡时效果虽不及太白粉，但是用在一些烘焙食品中能保持水分。

（4）玉米淀粉：又称玉蜀黍淀粉，俗名六谷粉，是白色微带淡黄色的粉末。将玉米用0.3%亚硫酸浸渍后，通过破碎、过筛、沉淀、干燥、磨细等工序而制成。普通产品中含有少量脂肪和蛋白质等，吸湿性强，最高能达30%以上。

（5）甘薯淀粉：从甘薯中提取淀粉的方法很多。根据甘薯的种类不同，可分为甘薯干和鲜甘薯两类生产淀粉的工艺流程。农村手工生产一般用鲜甘薯，而甘薯淀粉厂大都是以甘薯干作为淀粉原材料的。

琼脂

琼脂又称为洋菜、琼胶、冻粉，是由红藻类的石花菜、江篱、麒麟菜及同属其他藻类中提取的一种以半乳糖为主要成分的高分子多糖，主要成分为琼脂糖及琼脂胶。

琼脂的作用：

（1）主要用于制作冻制甜食、花式工艺菜。

（2）在糕点生产中可与蛋白、糖等配合制成琼脂蛋白膏，用于制作各种裱花点心和蛋糕。

（3）可用于凉菜、灌汤包馅等的制作。

注意事项：

（1）调味必须在琼脂加热时进行，边调味边搅拌，趁热浇于装有原材料的模具中，冷却后即可食用。

（2）避免熬制时间过长，避免与酸、盐长时间共热以免影响凝胶效果。

果胶

果胶是从植物果实中提取的由半乳糖醛酸缩合而成的多糖类物质，可与糖、酸、钙作用形成凝胶。水与果胶粉的比例为 1 :（0.05 ~ 0.06）即可形成形态良好的果冻。商品果胶有果胶粉和液体果胶两种。

它可制作冻制甜食，如枇杷冻、桃冻，还可制作果冻、果酱馅料等，增加黏软性，并可防止糕点硬化。

动物凝胶剂是从富含蛋白质的动物原材料中制取的，如皮冻、明胶、蛋白冻、鱼胶等，在制作汤包、羊糕、水晶类菜肴等菜点中使用。

食用明胶

食用明胶为胶原蛋白在水中的热解产物多肽的聚合物，常用动物的皮、骨、韧带等富含胶原蛋白的组织在加碱或酸的热水中长时间熬煮后浓缩、干燥而成。

明胶在烹饪中可制作汤包、水晶鸭方、水晶肴肉等菜肴。

使用方法：

（1）使用浓度约为 25%，低于 5% 则不能形成胶冻。

（2）应避免在水溶液中长时间加热而导致黏度和胶凝能力下降。

（3）避免与酸或碱共热而丧失凝胶性。

（4）避免与菠萝、木瓜等含有蛋白酶的植物性原材料使用，以免受蛋白酶的作用而迅速水解。

皮冻

皮冻，又称为皮质或皮汤，是以新鲜的猪皮去除杂毛和附着的脂肪后加入水或鲜汤煮制、凝结而成。

皮冻可分为硬冻和软冻两种，硬冻猪皮与水之比为 1 :（1~1.5），软冻猪皮与水之比为 1 :（2~2.5）。夏季往往使用易凝固的硬冻。

皮冻一般用于汤包馅心增稠，并使蒸熟的汤包馅心鲜美多汁。也可用于凉菜的制作。

五、膨松剂

膨松剂，亦称为膨胀剂或疏松剂。在调制面团时加入膨松剂，当对面团进行烘烤、蒸制或油炸时，膨松剂产生的二氧化碳或氨气等气体受热膨胀，使面坯或菜点起发，在内部形成均匀的致密的多孔性组织，从而使制品具有酥脆或松软的特性。

目前，烹饪行业中使用的膨松剂有生物膨松剂和化学膨松剂两大类。

生物膨松剂是依靠能产生二氧化碳气体的微生物发酵而产生起发作用的膨松剂。

酵母菌是生物膨松剂的主要成分，在面团中生长繁殖时可利用糖进行糖发酵生成可使面团膨松的气体——二氧化碳和风味成分醇类（乙醇、丙醇等）、有机酸（醋酸、乳酸、琥珀酸）、醛类（乙醛、丙醛）、酯类等，并产生一定营养物质，故除了能起到膨松作用外，还能增加面点食品的营养价值和风味。

化学膨松剂只要与水反应或受热就会产生大量气体使面团疏松多孔，可节省发酵时间，忽略环境因素对膨发效果的影响。

化学膨松剂常用的有碱性膨松剂和复合膨松剂两类。

碱性膨松剂

碱性膨松剂价格低廉，保存性较好，使用时稳定性较高。其膨胀力较弱，缺乏香味，有的还有残留味，如氨味。

碱性膨松剂的化学性质呈碱性，在烹饪中利用其碱性去油腻，调整面团酸度，增加部分腐蚀动物肌肉纤维的吸水能力，软化、嫩化肌肉，对绿色蔬菜护色，并可用于干货原材料的涨发等。

复合膨松剂

复合膨松剂即俗称的发酵粉、泡打粉、发泡粉。复合膨松剂一般由碱性剂、酸性剂、填充剂组成。依产生气体速度快慢，可分为快速发粉、慢速发粉及双效发粉等。

发酵粉的用量一般为面粉量的 2%~6% ，馒头、包子等食物中以面粉计为 0.9%~3% 。使用时应与面粉混合均匀后一齐倒入拌好的料中，若溶化后再使用，膨松效果会降低。

六、发色剂

在烹饪中添加适量的化学物质与食品中某些成分作用使制品呈现良好的色泽，这种化学成分就称为发色剂，通常用于火腿、腊肠的制作中，在腌制蔬菜时也可使用发色剂。发色剂有单独使用的，也有与发色助剂（抗坏血酸钠、异抗坏血酸钠等）并用的。

发色剂可分为肉类使用的亚硝酸盐、硝酸盐，和蔬菜、果实中使用的硫酸亚铁两类。

七、嫩肉剂

嫩肉剂是使肉类纤维嫩化的食品添加剂。有机酸（如食醋、柠檬酸）、碱（小苏打）等均可使胶原蛋白分解而具有嫩化肉的功能。具有嫩肉作用的蛋白酶有动物蛋白酶（胃蛋白酶、胰蛋白酶）、植物蛋白酶（木瓜蛋白酶、菠萝蛋白酶、无花果蛋白酶）和微生物蛋白酶等。嫩肉剂与淀粉的不同之处是，它能使肉变软。

嫩肉粉和淀粉均按正常用盐量或正常用淀粉量（肉重的 2%~3.5%），加入肉中静置 10~20 分钟即可。

后记

本教材是在学校统一部署、精心组织安排下，结合贵州旅游产业发展现状、学生职业工作岗位技能需要及我校实际情况编写。

教材由贵州省旅游学校金敏任主编，周星任副主编，宝磊、王俊波、张明、刘世利、宋晓丹等参加编写。为鼓励学生善于利用网络学习，教材吸收了较多新的网络知识。

衷心感谢在教材编写过程中付出辛劳的各位同人、感谢旅游教育出版社景晓莉老师和教材编审委员会、合作企业、兄弟院校的各位专家和领导的指导。

由于编写时间比较仓促，加上编写经验不足、业务水平不高，书中还存在诸多问题或错漏，请各位批评指正。

编者